Winfried Schröter

Führ mich Chef

Winfried Schröter

FÜHR MICH CHEF

5 ungewöhnliche Methoden für mehr Führungsstärke und bessere Menschenkenntnis

GOLDEGG VERLAG

Bildrechte Umschlag Zeichnungen: Winfried Schröter
Bildrechte Umschlag Gestaltung: Winfried Schröter/Goldegg Verlag
Bildrechte Zeichnungen: Swen Marcel – Comic Illustration, www.swenmarcel.de
Bildrechte Autorenfoto: First Floor studios Melanie Pfördtner

ISBN Print: 978-3-902991-44-7
ISBN E-Book: 978-3-902991-45-4

Friedrichstraße 191 • D-10117 Berlin
Telefon: +49 800 505 43 76-0

Goldegg Verlag GmbH, Österreich
Mommsengasse 4/2 • A-1040 Wien
Telefon: +43 1 505 43 76-0

E-Mail: office@goldegg-verlag.com
www.goldegg-verlag.com

Layout, Satz und Herstellung: Goldegg Verlag GmbH, Wien
Druck und Bindung: EuroPb, CZ

Inhaltsverzeichnis

Vorwort

Ich freue mich, dass dieses Buch Ihr Interesse geweckt hat und bin der Meinung, dass es Ihnen wertvolle Inputs liefern wird, wenn Sie keine Zeit für ein Psychologiestudium haben und andererseits eine Ausbildung in Menschenkenntnis benötigen. Denn diese 5 ungewöhnlichen Methoden, die ich Ihnen vorstelle, liefern Ihnen als Führungskraft besseren Zugang zu Ihren Mitarbeiterinnen und Mitarbeitern und stabilisieren Ihre Außenwirkung in Ihrer Position. Sie geben Ihnen sogar die Sicherheit, Ihren Status weiterauszubauen.

Viele Unternehmen befördern ihre guten Fachkräfte und hoffen, dass sie sich in der Personalführung ebenfalls bewähren werden. Im Zweifel erzeugen diese Firmen dann schlechte Führungskräfte und verlieren gleichzeitig gute Fachkräfte. Und das alles auf dem Rücken von Mitarbeitern.

Seit über 20 Jahren beschäftigen und bewegen mich folgende Fragen:

- Warum fahren Menschen täglich in eine Firma, die sie nicht wertschätzt?
- Wieso arbeiten sie in einem Beruf, der ihnen keinen Spaß macht?
- Weshalb machen sich die Menschen das Leben somit selbst zur Hölle?
- Weswegen müssen viele erst schwer krank werden, um an der eigenen verhassten Situation etwas zu ändern?
- Welchen Einfluss haben Führungskräfte auf diese Mitarbeiter? Und:
- Wie kann ich als Berater Führungskräfte dabei unterstützen, das Thema Personal-Verantwortung einfacher und effektiver zu gestalten?

In dieser langen Zeit habe ich viele neue Techniken ausprobiert, wissenschaftliche und auch nichtwissenschaftliche Ansätze ausgetestet und Antworten auf die oben genannten Fragen gefunden. Dieses Buch zeigt Ihnen *5 ungewöhnliche Methoden für mehr Führungsstärke und bessere Menschenkenntnis*, mit denen Sie Ihre Führungsaufgaben vereinfachen können. Denn die eigentliche Hauptaufgabe von Führungskräften und Teamleitern sehe ich vorrangig in der Menschenführung und weniger in ihrer fachlichen Alltagsarbeit.

Die 5 ungewöhnlichen Methoden entstammen der Psychologie, Kommunikationswissenschaft, Verhaltensforschung und Hypnose. Ich habe sie in meiner langjährigen Erfahrung mit Führungskräften und als Coach zusammengetragen und optimiert. Die Techniken regen Sie an, sich mit dem Thema Menschenkenntnis und Menschenführung zu beschäftigen, ohne Ihre sonstigen Tätigkeiten zu vernachlässigen und ohne viel Zeit investieren zu müssen. Somit sparen Sie sogar Zeit, weil Sie die Möglichkeit haben, Ihre Mitarbeiter in eine höhere Kompetenzstufe zu begleiten. Sie als Leiterin oder Leiter könnten dann Aufgaben an Mitarbeiter übertragen, die Sie vorher selbst erledigen mussten.

Auch wenn ich in diesem Buch über Personalführung schreibe, eignen sich die Methoden für alle Bereiche, in denen Sie mit Menschen zu tun haben und lenken und leiten, sei es als Manager in einer Firma, als Teamleiterin, als Betriebsratsvorsitzender, als Schulleiterin oder Lehrer, als Elternteil oder als Trainerin im Sportverein. Überall da, wo Sie Verantwortung für einen Bereich übernehmen und andere Menschen beteiligt sind, macht es Sinn, sich mit den Themen Menschenkenntnis und Menschenführung auseinanderzusetzen.

Durch die beschriebenen Übungen trainieren Sie Ihre Wahrnehmung und passen automatisch Ihr Verhalten an die jeweiligen Führungssituationen an. Haben Sie keine Furcht davor, zu ermüden oder sich gar zu übernehmen. Im Gegenteil! Sie werden feststellen, dass Sie wacher und agiler sein werden als sonst. Ihre Beobachtungsgabe verschärft sich. Sie werden von Tag zu Tag besseren Umgang mit Ihren Mitmenschen in der Firma und im Privatleben pflegen, andere Entscheidungen treffen und angenehmere Reaktionen Ihrer Gegenüber erleben. Sie werden merken, dass Sie Ihre Führungsqualität automatisch steigern und sogar die Widerstände Ihrer Mitarbeiter sinken. Was vorher möglicherweise ein notwendiges Übel war, fällt Ihnen nach den Übungen zunehmend leichter. Mehr und mehr können Sie Aufgaben delegieren und sich damit enorm entlasten.

In diesem Sinne wünsche ich Ihnen viel Vergnügen beim Lesen und zahlreiche neue Erkenntnisse.

Ihr *Winfried Schröter*

Warum Sie an diesem Buch nicht vorbeikommen

Mit einer Prise Offenheit

Stellen Sie sich einmal vor, Sie wären auf einem Meeting mit Kolleginnen und Kollegen. Sie unterhalten sich nacheinander mit zwei Personen. Mit der einen Person stellen Sie weitgehend Meinungsgleichheit fest. Sie liefert Ihnen keine neuen Infos, sondern erzählt quasi Ihre Sicht der Dinge – nur eben mit ihren eigenen Worten. Die zweite Person liefert Ihnen eine andere Sichtweise, die Ihnen völlig neu und anders erscheint. Sie sind in vielen Punkten nicht ihrer Meinung. Welche Person, glauben Sie, ist Ihnen sympathischer?

Der Großteil der Menschen entscheidet sich erfahrungsgemäß für die erste Person. In den allermeisten Fällen lehnen wir Menschen ab, die nicht unserer Meinung sind. Wir suchen also Zustimmung und Vertrautheit. Wir brauchen Bestätigung und empfinden das als „Ich-bin-okay-Gefühl". Diese Einstellung führt unweigerlich dazu, neue Informationen vorerst abzulehnen. Dann ist eine gewaltige Energie nötig, diese Haltung aufzugeben, um etwas Neues zu lernen. Meine Mentorin Vera F. Birkenbihl empfahl, an neue Aufgaben mit einer offenen geistigen Haltung heranzugehen.

Sie müssen nicht unbedingt alles glauben, was in diesem Buch steht, aber halten Sie Neues zumindest für theoretisch durchdenkbar, bevor Sie es als Unsinn abkanzeln. Diese Einstellung wird Ihnen beim Studium der neuen Techniken helfen und Sie werden dann gute Erfahrungen mit ihnen machen. Da bin ich mir sicher.

Ein kleiner Tipp

Eine meiner wichtigsten Erkenntnisse ist, dass ich in meinem Leben nur die Dinge richtig lerne, die mir Spaß machen. Dann fällt es mir leicht, mich mit dem jeweiligen Thema zu beschäftigen. Ich verliere die Zeit aus den Augen und tauche völlig in das Thema ein.

Wenn Sie ähnliche Erfahrungen in Ihrem Leben gemacht haben, ist es sinnvoll, dass Sie selektiv vorgehen und sich nur das Kapitel herausgreifen, das Sie jetzt in diesem Augenblick interessiert. Auf diese Weise werden Sie den größtmöglichen Nutzen aus diesem Buch ziehen. Aus dem Kühlschrank, der mit den leckersten Lebensmitteln gefüllt ist, greifen Sie sich auch nur das heraus, auf das Sie jetzt gerade Heißhunger haben. Den Kühlschrank sofort leer zu essen würde Ihrem Magen nicht guttun. Gönnen Sie Ihrem Geist eine Verdauungspause, bevor Sie mit dem nächsten Kapitel weitermachen.

Aufbau des Buches

Ihre persönliche Inventur:

Im Kapitel „Wie steht es um Ihre Führungskompetenz?" erfahren Sie, warum es sich lohnt, dass Sie sich mit dem Thema Menschenkenntnis beschäftigen. Im Anschluss daran stelle ich Ihnen gezielt Fragen zu Ihrer Führungskompetenz. Keine Sorge! Es findet kein Abfragen von Fachwissen der unterschiedlichen Führungsstile statt, die Sie einmal in einer Akademie gelernt haben könnten. Meine Fragen regen Sie eher an, lösungsorientiert ans Werk zu gehen und sich Gedanken über Ihre Zukunft zu machen.

Module 1 bis 5:

Das Kapitel „Die 5 ungewöhnlichen Methoden der Menschenkenntnis" ist in fünf „Module" eingeteilt. Hier stelle ich Ihnen meine 5 ungewöhnlichen Methoden vor. Nach welcher Reihenfolge Sie diesen Teil des Buches lesen, können Sie sehr individuell gestalten. Selbstverständlich habe ich mir darüber Gedanken gemacht, es didaktisch sinnvoll aufzuteilen. Doch wenn Sie ein Modul im Moment besonders interessiert, ziehen Sie es gerne vor, so wie ich es oben erklärt habe. Und wenn Sie ein Modul überhaupt nicht interessiert, lassen Sie es weg. Greifen Sie sich nur jene Aspekte aus diesem Buch heraus, die Sie gerade benötigen. Wenn Sie durch den Supermarkt gehen, laden Sie auch nicht alles, was in den Regalen steht, in Ihren Einkaufswagen. Ich denke, Sie kommen ja wieder, wenn der erste Schwung „verdaut" ist.

Was wäre nur, wenn…?
Im Kapitel „Paradigmenwechsel" ermutige ich Sie noch

einmal, die gelesenen/erlernten Techniken anzuwenden und welche Vorteile sie für Ihr Leben als Führungskraft darstellen. Hierfür ist Umdenken nötig – nicht nur in der Wirtschaft, in Ihrer Branche, in Ihrem Betrieb, sondern in erster Linie bei sich selbst.

Anhang

Im Anhang finden Sie ein paar Merkblätter mit Hintergrundwissen, die ich für interessant und wertvoll halte. Diese Merkblätter können Sie zur Kenntnis nehmen oder auch weglassen, je nach Interesse und Vorkenntnis. Sie sind knapp und übersichtlich gehalten. Wenn Sie ausführlichere Informationen über die Themen erhalten möchten, steht Ihnen ein Link auf meiner Website zur Verfügung, der Sie direkt zu den jeweiligen Themenbeschreibungen mit Beispielen führt.

Stichwortverzeichnis

Zur Zeitersparnis finden Sie Schlüsselworte und die dazugehörigen Seitenzahlen, um schneller an die gewünschten Infos zu gelangen.

Und nun wünsche ich Ihnen viel Spaß beim Lesen und viele gute neue Erkenntnisse!

Ihr

Winfried Schröter

Wie steht es um Ihre Führungskompetenz?

Im Wartezimmer herrscht gespannte Stille. Einige Patienten blättern unkonzentriert im Automagazin oder der Frauenzeitschrift, während Sie ungeduldig auf die Ergebnisse Ihrer Untersuchung warten. Die freundliche Sprechstundenhilfe holt Sie persönlich ab und führt Sie in einen Raum, in dem Ihr behandelnder Arzt bereits auf Sie wartet. Aufmunternd und beruhigend zugleich sagt er zu Ihnen: „Nichts, was wir nicht beide gemeinsam hinbekämen! Machen Sie sich keine Sorgen, in ein paar Wochen sind Sie wieder wie neu. Wenn Sie mitmachen ...!"

Wir vertrauen Ärzten unser Leben an und begeben uns in ihre Hände. Wohlglaubend, dass sie ihr Handwerk gelernt haben und sich auf ihrem Fachgebiet auskennen. Denn ein Arzt muss ungefähr 13–15 Jahre studieren, um sich als Facharzt selbstständig machen zu können und Menschen behandeln zu dürfen. Wie häufig wird dagegen der Versuch unternommen, ohne ausreichend vorbereitet zu sein, Menschen zu führen? Können Arbeitnehmer nicht erwarten, dass sich Führungskräfte zumindest ein paar Monate mit Psychologie und Menschenkenntnis beschäftigen? Jeder von uns weiß, wie die Realität aussieht ... Viele Führungskräfte sind überfordert und so sehr mit ihrem Alltagsgeschäft ausgelastet, dass sie ihre Aufgabe als Führungskraft nur dürftig ausüben können.

Wussten Sie, dass Sie in die Zukunft blicken können? Mit Ihrer Tätigkeit als Führungskraft gestalten und erzeugen Sie die Zukunft. Denn *Sie* planen die Zukunft Ihres Betriebes, *Sie* lenken Ihre Mitarbeiter in die beabsichtigte Richtung, *Sie* wissen, wie und was dafür getan werden muss, *Sie* kennen die Ziele Ihres Unternehmens. Wenn nicht *Sie*, wer macht dann Zukunft?

Unqualifizierte oder demotivierte Mitarbeiter kosten Geld!

2013 führte das Gallup-Institut wie jedes Jahr eine Studie in Form einer Arbeitnehmerbefragung durch. Laut dieser Studie ist die Anzahl der unzufriedenen Mitarbeiterinnen und Mitarbeiter in Deutschland auf 67% gestiegen. Sie verspüren keine echte Verpflichtung ihrer Arbeit gegenüber. 17% zeigen sogar unerwünschtes Verhalten, das zu Lasten der Leistungs- und Wettbewerbsfähigkeit der Unternehmen geht. Jährlich belaufen sich die Kosten durch Fehltage, Fluktuation und schlechte Produktivität auf mehr als 110 Milliarden Euro. Das weltweit agierende Gallup-Institut sieht dieser Entwicklung mit Sorge entgegen, weil keine Besserung zu erkennen ist. Im Gegenteil – Tendenz steigend! (Siehe Abbildung 1.)

Wenn die Konjunkturdaten rückläufig sind oder Ihre Mitarbeiter Angst vor Kündigung haben, werden sie still und ertragen die Situation. *Burn-out,* die schlimmste Bedrohung für ein Unternehmen, ist vorprogrammiert. Nicht selten fallen Mitarbeiter nach dieser Diagnose für Monate aus und belasten dadurch ungewollt die Kollegen zusätzlich. Ein Teufelskreis!

Abbildung 1: Quelle: www.gallup.de

Um diesem Trend entgegenzuwirken, braucht es kein Psychologiestudium, keine umfangreiche pädagogische Ausbildung, nicht einmal viel Zeit. Sie als

Personalverantwortlicher können mit wenigen kleinen Stellschrauben maßgeblich zur Verbesserung beitragen. Stellen Sie sich vor, Sie könnten damit die Zufriedenheit und Produktivität in Ihrem Team spürbar steigern und somit einen Teil dieser über 110 Milliarden Euro sichern:

- Die emotionale Bindung an die Firma und an das Team steigt,
- ein Großteil der Mitarbeiter geht wieder gerne und mit Freude zur Arbeit,
- es entsteht ein WIR-Gefühl und mehr Kreativität wird freigesetzt,
- das Engagement jedes Einzelnen erhöht sich,
- die Krankheitstage sinken,
- die Produktivität klettert.

Gallup definiert sogar, welche Aspekte die emotionale Bindung an den Arbeitgeber erhöhen. Der Mitarbeiter möchte

- wissen, was von ihm erwartet wird,
- tun können, was er am besten kann,
- sich anerkannt fühlen,
- als Mensch gesehen werden,
- Unterstützung erhalten,
- erkennen, dass seine Meinung zählt,
- sich mit dem Unternehmensziel identifizieren können,
- Materialien und Arbeitsmittel ausreichend zur Verfügung haben,
- sehen, dass sich auch seine Kollegen für Qualität engagieren,
- Fortschritte und Entwicklung des Unternehmens aktiv sehen und miterleben,
- lernen und sich entwickeln können,
- das Gefühl haben, etwas bewirken oder beitragen zu können und
- sich mit dem Unternehmen identifizieren.

Das sind alles Aspekte, die keine finanziellen Investitionen benötigen – nur aufmerksame Führungskräfte. „Und das zusätzlich zu den Aufgaben, die mir eh schon über den Kopf wachsen, Herr Schröter?“ Keine Sorge, es ist einfacher, als Sie denken. Sie werden sehen, dass Ihnen meine 5 ungewöhnlichen Methoden dabei sehr hilfreich sein werden.

Ihre persönliche Inventur

Verschaffen Sie sich jetzt vorab einen Überblick über Ihre persönliche Vorbildung in Sachen Menschenkenntnis als Führungskraft, Teamleiterin, Manager, Lehrerin, Ausbilder, Trainerin, Jugendgruppenleiter, Mutter oder Vater etc.

Beantworten Sie sich bitte ein paar Fragen. Halten Sie bei jeder Frage inne und denken Sie über die Antwort nach, bevor Sie sich die nächste Frage durchlesen. Die Beantwortung der Fragen hilft Ihnen bei der Analyse Ihrer momentanen Situation.

- Wie schätzen Sie Ihre Führungsqualität ein? Über welche Stärken verfügen Sie im Umgang mit Menschen? Wo sehen Sie Optimierungspotenzial?
- Wo haben Sie Ihre Führungskenntnisse erworben? Bitte denken Sie dabei nicht nur an Führungsakademien, Managementseminare oder Workshops, sondern ebenso an persönliche Ereignisse, in denen Ihnen Zusammenhänge bewusst wurden. Und denken Sie auch an Personen, von denen Sie gelernt haben.
- Wie werden Sie und Ihre Art zu führen von Ihren Mitarbeitern und Kollegen gesehen?
- Was behindert Ihre Führungsarbeit?

Beginnen Sie jetzt mit dem Blick in die Zukunft:

- Wie würden Sie sich Ihre Arbeit als Führungskraft im Optimalfall vorstellen?
- Was müsste sich in Ihrem Umfeld ändern, um dieses Ziel zu erreichen?
- Welche Vorteile würden sich daraus ergeben, wenn Sie den Optimalfall realisiert haben?

Bitte durchdenken Sie nun konzentriert Ihre Situation. Wenn Sie die Aufgabe genau befolgt haben, haben Sie jetzt eine Vorstellung Ihres IST-Zustandes.

Egal wie gut Ihre Vorkenntnisse auch sind, das Ziel, immer besser werden zu wollen, lässt Sie automatisch bodenständig bleiben und wird von Ihren Mitarbeiterinnen und Mitarbeitern hoch geachtet. Selbst in einem Weiterentwicklungsprozess zu sein, verändert Ihre Wahrnehmung und erhöht Ihr Einfühlungsvermögen. Sich in die Lage anderer Menschen versetzen zu können, ist eine der zentralen Fähigkeiten, um Menschen gezielt fördern zu können. Denn, wie wollten Sie Ihre Mitarbeiter motivieren, wenn Sie nicht einmal wüssten, was ihnen wichtig ist? Jemanden für sein Engagement mit Kunden zu loben, kann verpuffen, wenn ihm sein äußeres Erscheinungsbild viel wichtiger ist. Lob und Motivation führt nur zu besseren Ergebnissen, wenn der Mitarbeiter sich in seinem moralischen Grundprinzip bestätigt fühlt. Nur dann erhält er das beabsichtigte „Ich-bin-okay-Gefühl".

An welcher Stellschraube lässt sich der größte Nutzen erzielen? Wo können Sie Ihrer Meinung nach in Ihrer Situation den wirkungsvollsten Hebel ansetzen? Die vorangegangenen Fragen helfen Ihnen, diesen Hebel zu finden. Vielleicht kommen Sie zu dem Ergebnis, dass Sie gerne so schnell wie möglich Ihre Einstellungsgespräche optimieren wollen. Dann werden Ihnen die Module 3 „Face-Reading" und 4 „Bildanalyse" den größten Nutzen bieten. Machen Sie sich das bewusst, *bevor* Sie mit den 5 ungewöhnlichen Methoden beginnen. Mit einem Ziel oder einem Bedürfnis im Hinterkopf werden Sie genau die Textstellen finden, die Sie benötigen. Nur ein Buch zu lesen, damit es gelesen ist, befriedigt nicht unbedingt und bringt Sie nicht weiter. Ich bitte Sie jetzt, bei den Übungen mitzumachen und Erfahrungen zu sammeln. Hierzu suchen Sie sich bitte das Modul heraus, das Sie am meisten interessiert. Wenn Sie sich vorher klarmachen, welchen Vorteil Ihnen dieses Wissen verschafft, erzeugen Sie dadurch einen inneren

Fokus. Mit dieser Vorstellung oder diesem Ziel erhöhen Sie Ihren persönlichen Gewinn erheblich und es macht viel mehr Spaß.

Aller Anfang ist leicht – wenn man's richtig macht

Machen Sie es sich so leicht wie möglich und befolgen Sie genau meine Anweisungen der im Buch beschriebenen Aufgaben. Die Übungen sind so aufgebaut, dass Sie minutenweise, aber stetig, Ihre Wahrnehmung zu einem Thema schärfen. Wenn Sie beispielsweise im Modul Face-Reading eine große Nase beurteilen sollen, macht es Sinn, dass Sie vorerst viele Nasen betrachten, um die Unterschiede einschätzen zu können. Anfangs sehen Sie lauter scheinbar gleich große Nasen in den Gesichtern der Leute, die Ihnen begegnen. Irgendwann ist da jemand dabei, dessen Nase auffällig groß erscheint. Nach einer Weile erkennen Sie selbst kleinste Größenverhältnisse. Nehmen Sie sich hinterher eine andere Gesichtspartie vor, wird es Ihnen mit einem Mal viel

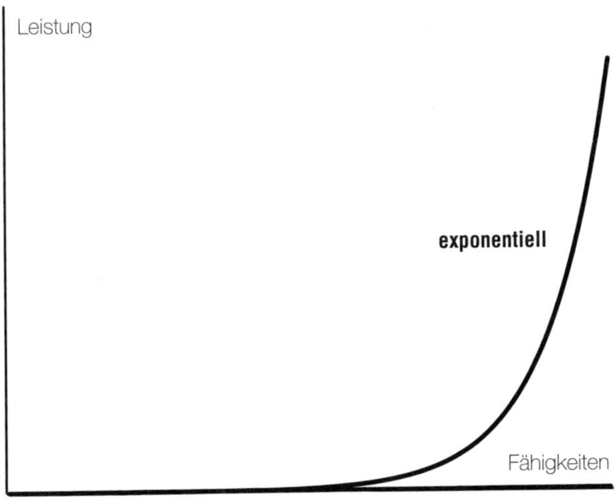

Abbildung 2: Verlauf der Steigerung der Wahrnehmung und des Wissens

leichter fallen, Unterschiede zu sehen. Ihr Wissen und Ihre Wahrnehmung steigen exponentiell. (Siehe Abbildung 2.)

Daher nutzen Sie meine Anleitung und gehen schrittweise danach vor. Weil Sie sich somit nicht zu viel auf einmal vornehmen, machen Sie bald rasante Fortschritte. Und das wiederum hat Auswirkung auf Ihr Selbstbewusstsein, das Sie als Führungskraft dringend benötigen.

Wie Ihr Selbstbewusstsein entstanden ist und was Sie tun können, es zu verbessern

Wir alle haben in unserer Karriere Vorgesetzte kennengelernt, die ein stabiles Selbstbewusstsein hatten und es auch verkörperten. Und dann gibt es da noch eine andere Gruppe, die sich ihrer selbst nicht besonders sicher ist. Wie wichtig ein gutes Selbstwertgefühl ist, wird klar, wenn wir uns mit Menschenführung beschäftigen. Denn Menschen nehmen Befehle oder Anordnungen lieber von jemandem an, der Souveränität und Stärke zeigt.

Wer legt eigentlich die Messlatte dafür, wie wir unser Selbstbewusstsein einschätzen? Wer bestimmt, was wir gut machen? Was ist das Selbstwertgefühl genau und wie entsteht es?

Ihr Selbstwertgefühl ist ein Bild, eine Vorstellung, eine Bewertung, ein Urteil, das Sie unbewusst von sich selbst gemacht haben. Ihre Umwelt reagiert entweder negativ oder positiv auf Ihr Verhalten (anfangs Mutter, Vater oder Familienangehörige). Das Verhalten Ihrer Umwelt zeigt Ihnen, ob Sie mit Ihrem Verhalten in der Norm liegen oder nicht. Norm heißt hier weder gut noch schlecht. Norm meint nur, dass alle – oder viele – sich so verhalten. Anschließend treffen Sie Entscheidungen, Verhaltensweisen zu ändern oder beizubehalten.

Das, was Sie bewerten, ist ein Subjekt – nämlich *Sie* selbst. Und so kann diese Beurteilung nur subjektiv sein. Sie urteilen über sich also einseitig, parteiisch, unsachlich und interpretativ und bilden sich eine Meinung über sich. Diese Meinung erzeugt eine innere Haltung, die Sie selbstverständlich auch nach außen präsentieren. Dieses Selbstbild verkörpern Sie mit Ihrer Körperhaltung, Ihrer Stimme, mit Mimik und Gestik und Ihrer Sprache. Wie Ihre Mitarbeiter Sie sehen, hängt im Wesentlichen davon ab, wie *Sie* über sich denken und urteilen. Dieses Urteil wird von Ihrem oben genannten Umfeld beeinflusst. Hierzu gehören zum Teil die Menschen, denen Sie begegnen und mit denen Sie tagtäglich zu tun haben, teils die Informationsquellen, denen Sie sich aussetzen und die Dinge, an die Sie glauben. Nach erreichter Volljährigkeit können Sie Ihr Umfeld selbst bestimmen und sich frei für diverse Einflüsse entscheiden: welche Freunde und Bekannte Sie in Ihrem Privatleben zulassen, welchen Glauben Sie annehmen, welchen Wohnort Sie bevorzugen, die Medien, die Sie nutzen und denen Sie Glauben schenken, Sie bestimmen sogar die Häufigkeit des Kontaktes mit der Familie, den Ehepartner, welchen Beruf Sie wählen und auch darüber, mit welchen Mitarbeitern und Kunden Sie zusammenarbeiten. Sie können sich von allem verabschieden, was Ihnen nicht guttut. Sie können Ihr Umfeld selbst festlegen und wegziehen oder sich beruflich verändern. Wenn Sie sich zu einem solchen Schritt bewusst entscheiden und eigenverantwortlich handeln, fühlen Sie sich stark und gut. Ihr Selbstwertgefühl ist aufgebaut.

Wie sagte Vera F. Birkenbihl so schön deutlich: „Übernehmen Sie Verantwortung, gewinnen Sie automatisch Macht; schieben Sie Verantwortung weg, indem Sie andere für Ihre Situation verantwortlich machen, verlieren Sie Macht und fühlen sich als Opfer. Wie bitte will ein Opfer erfolgreich sein? Übernehmen Sie stattdessen die Verantwortung für das, was Ihnen passiert, werden Sie automatisch Macht übernehmen. Das macht Ihren Rücken gerade. Diese Macht benötigen Sie, um erfolgreich zu werden."

Wie weise ...

Durchforsten Sie Ihr (Berufs-)Leben, indem Sie sich fragen, auf was Sie stolz sein können, erreicht oder umgesetzt zu haben. Sven, ein junger Teamleiter, der vor circa eineinhalb Jahren die Leitung eines Teams von 32 Jungköchen übernommen hatte, hat sich zum Beispiel einen souveränen Ruf in seiner Abteilung geschaffen. Durch viele Einzelgespräche, Absprachen im Team und dem akribischen Einhalten der

Vereinbarungen wuchs das Vertrauen in seinen eigenen Führungsstil. Zurückblickend kann er stolz darauf sein, wie er das hinbekommen hat.

Stellen Sie sich Ihre eigenen Fragen dazu, was in der Vergangenheit gut lief und welche Hürden noch zu nehmen sind. So werden Ihnen Stärken und Schwächen bewusst, die Sie gezielt angehen können. Sobald Sie klar sehen können und sich Ihre Situation bewusst gemacht haben, wird aus dem Gefühl ein Selbstbewusstsein. Sie können also Ihr Verhalten im Bedarfsfall viel besser verteidigen, wenn nötig. Das ist der kleine aber feine Unterschied. Und sollten Sie große Entscheidungen mit einem Unparteiischen durchsprechen wollen, dann am besten mit jemandem, der wie ein Coach von außen von der zu entscheidenden Materie wenig Ahnung hat, weil er durch sein fehlendes Fachwissen nichts voraussetzt und es somit nicht zu Fehlinterpretationen kommt.

Ihre Entwicklung wird direkt Auswirkung auf Ihre Mitarbeiterinnen und Mitarbeiter haben. Sobald Sie sich verändern, weil Sie eine klarere Sicht auf die Dinge in Ihrem Leben bekommen, wird sich Ihr Verhalten ändern. Sie werden anders sein. Ihr Auftreten, Ihr Verhalten in Gesprächen mit Kollegen und Mitarbeitern, Ihre Körperhaltung und Ihre Entscheidungen wandeln sich automatisch. Und somit verdichtet sich auch Ihre Ansicht über Teamprozesse. Ihnen wird klarer und bewusster, was zu tun ist, um ein geniales Team zusammenzustellen und zu formen. Konflikte und Unstimmigkeiten sehen Sie nicht mehr als unüberwindbare Hürden, sondern als zu meisternde Herausforderungen. Wenn Sie Ihren Rücken gerade haben und sich stark fühlen, packen Sie interne Konflikte eher an als zu denken: „Ich mach mal nichts, das wird schon wieder – von selbst …!“

Meist sind es nur unausgesprochene unterschiedliche Sichtweisen, die zu internen Problemen in Teams führen, wie beispielsweise ob Pünktlichkeit bereits an der Unternehmenspforte beginnt oder am Arbeitsplatz. Hier hilft ein klar vereinbartes Regelwerk, das nicht von Ihnen als Vorgesetzter festgelegt, sondern mit allen Teammitgliedern gemeinsam ausgearbeitet wird. Jeder im Team hat Bedingungen, die zur Verbesserung in der Zusammenarbeit führen. Viele davon lassen sich leicht erfüllen, wenn Sie Kenntnis von ihnen haben. Wenn Sie mehr über das Aushandeln und Festlegen von Teamregeln wissen möchten, empfehle ich Ihnen im Merkblatt 2: „Spielregeln für Ihr Team". In diesem beschreibe ich, wie Sie Schritt für Schritt vorgehen können, um gemeinsam verbindliche Verhaltensregeln auszuarbeiten.

Denken Sie daran: Sie haben es in der Hand, ob Ihre Mitarbeiter zufrieden sind. Machen Sie sich klar, dass es nicht die Rahmenbedingungen wie Gehalt und Arbeitszeit sind, weshalb Mitarbeiter unzufrieden sind, sondern das Sozialgefüge im Team. Denn auf die Tarifbedingungen haben sich die Mitarbeiter bei der Unterzeichnung des Arbeitsvertrages eingelassen. Der Umgang miteinander und das emotionale Arbeitsumfeld entscheiden über Zufriedenheit, Genialität und Erfolg eines Teams.

Und jetzt schauen Sie sich im Inhaltsverzeichnis einmal an, welche der 5 ungewöhnlichen Methoden Sie im Augenblick am meisten interessiert und starten Sie durch.

Die 5 ungewöhnlichen Methoden der Menschenkenntnis

Modul 1: Vorbild sein – ... denn sie machen uns eh alles nach!

In einem Kurzseminar für Führungskräfte sollte ich über das Thema *„In Führungspositionen Vertrauen schaffen“* sprechen. Es war die dreitägige Veranstaltung, die jährlich für die Führungsebene eines Unternehmens ausgerichtet wurde. Sie fand in einem schönen Schlosshotel in den deutschen Alpen mit erlesenem Ambiente und exzellentem Wellnessbereich statt. Vor mir saßen 120 Menschen mit Personalverantwortung, die nur darauf warteten, nach meiner Veranstaltung das attraktive Rahmenprogramm zu genießen. In einigen Gesichtern las ich den Satz: „Lieber Herr Referent, bitte machen Sie es kurz und schmerzlos. Ich mache den Job bereits seit 20 Jahren und da wird es kaum etwas Neues geben, das *Sie* mir vermitteln könnten!“

Ich hieß die Teilnehmerinnen und Teilnehmer willkommen und brachte ein kurzes Statement, in welcher Situation Führungskräfte in der heutigen Zeit stecken und umriss kurz das Thema Vertrauen im Umgang mit Mitarbeitern. Dann sagte ich:

„Wie Sie vielleicht festgestellt haben, habe ich mich Ihnen noch nicht genau vorgestellt. Das würde ich jetzt gerne Ihnen überlassen. Sicher haben Sie sich bereits ein Bild von mir gemacht. Wer steht hier vor Ihnen? Los geht's! Wer von Ihnen fängt an?"

Nachdem sich die Teilnehmer von der Irritation etwas erholt hatten, begannen sie, mich zu beschreiben und äußerten ihre Wahrnehmung. Guter Anzug, vermutlich sportlich, offensichtlich mutig, selbstbewusst, macht einen erfahrenen Eindruck und so weiter. Langsam verstummten die Antworten und ich lieferte die Eckdaten nach, die sie nicht wissen konnten, wie Herkunft und momentanes Wohngebiet und Ähnliches. Denn mein norddeutscher Slang lässt sich nicht verbergen und es schreit förmlich nach Erklärung, weshalb ich in Süddeutschland zu Hause bin. Danach lobte ich meine Zuhörer für ihre Menschenkenntnis und bat sie, einen Blick in den Spiegel zu wagen und sich zu überlegen, welchen Eindruck sie in ihrem Team vermitteln. „Wen sehen Ihre Mitarbeiter in Ihnen und wie denken sie wohl über Sie?", fragte ich und machte eine kurze Sprechpause. Dann referierte ich über das Thema *„Leitbild statt Leid-Bild"*.

In diesem Modul werden Sie mehr darüber erfahren, wie es Ihnen und Ihren Mitarbeiterinnen und Mitarbeitern helfen kann, wenn Sie sich mit dem Thema *„Vorbild sein"* beschäftigen. Wie es Ihnen die Arbeit als Teamleiterin, Führungskraft oder Manager in Ihrem Unternehmen erleichtert und wie Sie langfristig Ihre Funktion als Personalverantwortlicher vereinfachen. Wir werden verbreitete Missverständnisse in Bezug auf Idole besprechen und praktische Anwendungsmöglichkeiten erarbeiten, die Ihnen eine verbesserte Außenwirkung ermöglichen.

Mittlerweile gibt es viele Theorien über das Vorbildsein. Diese führen auf Sigmund Freuds Anstöße zurück. Er meinte, dass die Identifizierung mit einem Vorbild angeboren und eines der stärksten Urbedürfnisse des Menschen sei. Demnach streben wir automatisch und ohne es zu steuern danach, so zu werden wie unser Vorbild. Wir richten unser Verhalten nach unserem Vorbild aus und verbessern unsere Ergebnisse – was immer auch in dem Moment unser Ziel ist. Ein wirkungsvolles Vorbild ist jemand für uns erst dann, wenn er bestimmte Faktoren in uns auslöst:

- *Respekt:* Irgendetwas hat diese Person gemacht oder gesagt, das unsere Aufmerksamkeit geweckt hat. Wir sind beeindruckt und die Wertschätzung steigt. Das hat Einfluss auf unser Verhalten dieser Person gegenüber. Wir sind höflicher, achtsamer und aufmerksamer, wenn wir die Person bereits kennen. Das Vorbild ist stärker in unserem Fokus und uns fallen mehr Details an seinem Aussehen und seinem Verhalten auf.
- *Vertrauen:* Es entsteht eine subjektive Überzeugung, dass uns unser Vorbild in Zukunft einen persönlichen Vorteil verschaffen wird. Wir sind uns sicher, dass wir ebenso erfolgreich werden, wenn wir unserem Vorbild nacheifern. Das Vertrauen darauf liefert uns gewissermaßen eine Erwartungshaltung an uns selbst. Mit steigender Erfüllung der erwarteten Zustände steigt auch gleichzeitig das Vertrauen in unser Vorbild.
- *Loyalität:* Durch die moralische Verbundenheit des subjektiv empfundenen Vorteils oder eines gemeinsamen höheren Ziels wächst ein Gefühl von Loyalität. Auch wenn wir nicht in vollem Umfang den Werten unseres Vorbildes zustimmen müssen, so verteidigen wir unser gemeinsames Ziel oder unser Vorbild gegen Widrigkeiten, wie z.B. der Kritik anderer Personen.

- *Achtung/Bewunderung:* Unser Vorbild hat durch das, was uns beeindruckt, einen höheren Stellenwert als andere Personen. Das führt unweigerlich zu einem Gefälle und wir stellen unser Vorbild auf einen Sockel. Den erhöhten Status hat sich unser Vorbild verdient. Dieses Gefälle ist nötig, damit wir unser Verhalten ändern können. Wir lernen nur von Menschen, die über uns stehen. Von Lehrern, die in unseren Augen diesen Status verloren haben, können wir nichts mehr annehmen.

Wenn eine Person für uns Vorbild geworden ist, findet ein umfassender und effektiver Lerntransfer statt:

- Durch die gesteigerte Aufmerksamkeit beobachten wir unser Vorbild viel stärker und nehmen mehr Details seines Verhaltens wahr.
- Wir vergleichen unser Verhalten mit dem unseres Vorbildes, was zur Folge hat, dass wir das bessere Verhalten unseres Vorbildes übernehmen.
- Bereits vorhandenes Verhalten wird ausgebaut und gestärkt, neues Verhalten wird stärker geübt.
- Durch die schnelleren Erfolge nach dem Vormachen-/Nachmachen-Prinzip wächst unsere Motivation und wir streben automatisch nach noch mehr Erfolg.
- Wenn ein persönlicher Kontakt zu unserem Vorbild besteht, bekommen wir vielleicht sogar Lob. Diese besondere Anerkennung beflügelt uns, weiterzumachen und über uns hinauszuwachsen. Denn jetzt wissen wir, dass wir aufgefallen sind und vermutlich beobachtet werden. Wir wollen zusätzliches Lob, um unser Vorbild nicht zu enttäuschen.
- Kennt uns unser Vorbild nicht, streben wir selbst danach, besser zu werden und kontrollieren unseren Erfolg. Das nennen wir Eigenmotivation und Selbstkontrolle.

Ist es verwerflich, Vorbilder zu haben?

Einige Menschen lehnen es bewusst ab, Vorbilder zu haben. „Finde deinen eigenen Weg“, heißt es dann oder „Ich will doch keine Kopie von jemandem sein“. Tatsache ist, dass wir uns nicht dagegen wehren können, denn das Prinzip, andere nachzuahmen, ist automatisiert. Vielleicht steckt im Widerstand dagegen noch der Rest unserer Geschichte. Die kollektive Verehrung einer Person ist nach dem Zweiten Weltkrieg in Deutschland nicht mehr ohne Weiteres möglich. Wir leben in Deutschland in einer Demokratie, in der erst einmal alles in Frage gestellt wird, was als Vorgabe von oben kommt. Durch die skeptische Generation der Nachkriegszeit wurde Heldentum moralisch entwertet. Die Regierung oder den eigenen Vorgesetzten zu kritisieren, wird zum Sport. In einem solchen System brauchen Führungskräfte heute neben Fachkenntnis vor allem auch Selbstvertrauen und Charakterstärke, die es ihnen ermöglichen, eine Lage zu beurteilen und Entscheidungen durchzusetzen. Ebenso braucht es eine klare Haltung, um dann selbst gegen Widerstände hinweg Orientierung geben zu können. Das liegt nicht jedem, ist aber erforderlich. Persönlichkeitsmerkmale wie Zielstrebigkeit, Machtbewusstsein, Empathie oder Selbstbewusstsein sind dabei nicht allein ausschlaggebend. Viel wichtiger ist das Verhalten von Führungskräften. Erfolgreiche Führungskräfte verstehen es, Begeisterung und Zuversicht bei ihren Mitarbeitern zu erzeugen. Sie können andere mitreißen und werden als Vorbilder wahrgenommen. Sie vermitteln ihren Mitarbeitern ein Gefühl des Stolzes und der Wertschätzung, dabei zu sein. Ziel ist es, selbst zum Vorbild zu werden. Wenn Sie Stellschrauben bei sich entdecken, Ihr Verhalten zu optimieren, werden das Ihre Mitarbeiter bewusst oder unbewusst wahrnehmen und sich automatisch auch anders verhalten. Das steht nicht erst seit Sigmund Freud fest.

Vorbilder bekommen Anerkennung

Akzeptiert zu werden ist einer unserer stärksten Antriebsmotoren überhaupt. Jeder braucht diese Anerkennung von seinem Umfeld. Die Suche nach Anerkennung ist müßig. Können wir diese nicht einfach erzeugen? Wie bekommen wir die Anerkennung von anderen? Durch Leistung?

Nein, denn damit machen Sie sich abhängig von anderen und gehen in die Opferrolle. Denn ob andere Ihre Leistung sehen und wertschätzen oder nicht, darauf haben Sie keinen Einfluss. Wenn Sie der Meinung sind, Anerkennung zu *brauchen*, sind Sie bereits in dieser Anerkennungsspirale. Sie arbeiten hart und rackern sich ab, um Anerkennung zu erhalten und dennoch ist es nie genug. Das heißt nicht, dass Sie aufhören sollen, Leistung zu erbringen. Die Voraussetzung in unserer westlichen Welt, Lohn zu erhalten, basiert ja auf dem Prinzip, Leistung zu erbringen. Und die jeweilige Gehaltsstufe wird als Ausdruck eines erbrachten Wertes angesehen und führt oft zu Ansehen. Manchmal ermitteln Menschen anhand des Gehalts ihren Selbstwert, was fatale Folgen haben kann, wenn es wegbricht. Es wird immer Menschen in Ihrer Umgebung geben, die aus taktischen Gründen Ihre Leistung nicht anerkennen. Gründe dafür sind vielfältig, meistens aber beruhen sie auf Neid.

Ein Trainerkollege kam zu mir ins Hypno-Coaching, weil er sich im Seminar oder bei Vorträgen immer nur auf denjenigen im Saal konzentriert hatte, der eine ablehnende Haltung eingenommen oder den Kopf geschüttelt hatte. Sein innerer Drang war groß, auch den letzten Kritiker überzeugen zu müssen. Damit machte er sich zum Spielball derer, von denen er die Anerkennung haben wollte. Und sie ist nie genug.

Anerkennung ist eine Energieform, die mehr wird, wenn wir sie ausgeben. Je mehr Anerkennung Sie also geben, desto mehr Anerkennung erhalten Sie. Hiermit ist Ihre innere Haltung zu Ihrem Umfeld gemeint, auf die ich im Modul

„*Suggestiver Hebel*" deutlicher eingehe, und nicht der Satz: „Schöner Anzug, Herr Maier!" Die Anerkennung, die zum gewünschten Ergebnis führt, ist eine Form von Dankbarkeit: „Gut, dass Sie in meinem Team sind, Herr Maier!"

In dem Moment erhalten Sie auch die Anerkennung von Herrn Maier in der Form, die er in diesem Moment zu geben bereit ist. Und darauf haben Sie wieder keinen Einfluss. Geben und Nehmen sind hier also nicht berechenbar. Sie können nur versuchen, die Anerkennung von Herrn Maier auszulösen. Und ob Sie diese bekommen, ist Sache von Herrn Maier.

Allerdings können wir sagen: Je mehr positive Aspekte Herr Maier bei Ihnen wahrnimmt, desto mehr wird er Sie akzeptieren, wertschätzen und Sie als Vorbild ansehen.

Vorbilder erhalten nicht nur mehr Wertschätzung, sie fallen einfach auf. Sie vermitteln den Eindruck, weitgehend alles unter Kontrolle zu haben, wirken meist gut organisiert und streben nach Höherem. Vorbilder wissen immer Rat, haben Ideen und sind meist lösungsorientierter als andere. Vorbilder haben erfahrungsgemäß eine positivere Ausstrahlung und verdienen häufig mehr Geld. Vorbilder sind die Leute, zu denen alle hinschauen, wenn sie den Raum betreten. Sie wissen, wie es geht, Vorbild zu werden. Sie selbst hatten oder haben immer noch mindestens ein Vorbild, dem sie nacheifern. Vorbilder zeigen ihre Schwächen nicht öffentlich und wirken dadurch geheimnisvoll. Vorbilder in Unternehmen werden automatisch imitiert und erzeugen somit eine höhere Mitarbeiterqualität. Andere orientieren sich an ihnen, eifern ihnen nach. Studien ergaben, dass ein Nobelpreisträger im Schnitt sechs bis sieben weitere Nobelpreisträger generiert. Es scheint so, als ob das typische Verhalten von Kindern, alles nachmachen zu wollen, auch als Erfolgsrezept bei Erwachsenen verstanden werden kann. Der Zwerg kann eben weiter in die Ferne schauen, wenn er sich auf die Schultern eines Riesen stellt.

Wir eifern übrigens alle schon unser ganzes Leben lang anderen nach: beim Erwerben der Muttersprache, um laufen zu lernen, um sich richtig in der Gesellschaft zu verhalten und so weiter. Warum mit dieser unglaublich erfolgreichen Methode aufhören? In diesem Modul lade ich Sie ein, sich klarzumachen, was Sie für einen außerordentlichen Vorteil davon hätten, wenn Sie sich ganz bewusst ein Vorbild für bestimmte Situationen suchen und welcher Gewinn sich für Sie als Führungskraft ergäbe, der weit über Zeitersparnis hinausgeht. Und natürlich, wie Sie diesen Status erreichen können.

Wie funktioniert dieser Mechanismus des Nachahmens?

Nehmen wir an, dass Sie einen neuen Arbeitskollegen bekommen, der ständig eine bestimmte Redensart wiederholt, die Sie anfangs schrecklich finden. Ihr neuer Kollege benutzt häufig die Worte *„zum Bleistift“* anstatt *„zum Beispiel“*, und das auch noch in einem kurzen Gespräch mindestens fünfmal. Sie beide arbeiten über einen längeren Zeitraum hinweg eng zusammen. Folglich hören Sie diese Floskel andauernd und nach ein paar Wochen ertappen Sie sich bereits, wie Sie diese Redewendung selbst benutzen. Das Phänomen, Floskeln und Redewendungen oder auch Bewegungen und Eigenschaften von anderen automatisch zu übernehmen, eignet sich sehr gut, um daraus eine bewusst gesteuerte und positiv einsetzbare Technik zu machen.

Wenn Menschen zusammenkommen und sich unterhalten, entsteht eine besondere und natürliche Verbindung, bei der sich beide Gesprächspartner gegenseitig spiegeln. Den Zustand, der dabei entsteht, nennt man in der Psychologie *Rapport*. In der Regel gleichen sich in einem Gespräch verbale und nonverbale Anteile an. Menschen verwenden beispielsweise ähnliche Redewendungen, Dialektik, gleiches Sprechtempo und Tonlage, ähnliche Wortwahl etc. Nonverbal gleichen sie sich an, indem sie Körperhaltung, Mimik und Gestik spiegeln. Verhaltensforscher bezeichnen diese Verhaltensweise auch als Haltungsecho. Entsteht bei einem Gespräch Rapport, neigen wir dazu, einander zu vertrauen, einander positiv zu bewerten und weniger kritisch zu sein. Ein Grund mehr, sich diesem Thema zu widmen und mehr darüber zu erfahren, wie Sie Rapport herstellen können. Im Anhang finden Sie eine kleine Anleitung, in der ich ein paar effektive Tipps gebe, wie Sie bei Ihren Mitarbeiterinnen und Mitarbeitern diesen Zustand erzeugen können.

Rapport aufzubauen, sich also aufeinander einstellen zu können, ist Teil dessen, was die schon seit Längerem aus der Gehirnforschung bekannten Spiegelneuronen bewirken. Das Nachahmen ist uns in die Wiege gelegt und läuft ständig *und* unbewusst ab. Hätten Sie Ihre Muttersprache durch Vokabelpauken erlernen müssen, wie beispielsweise Englisch in der Schule, würden Sie heute noch nicht richtig deutsch sprechen. Da sind wir uns sicher einig. Sie imitierten Ihre Eltern (Ihre ersten Vorbilder) und bekamen überschwängliches, positives Feedback, was Sie zum Weitermachen bewegt hat. In Verkaufsgesprächen, beim Candle-Light-Dinner etc. übernimmt einer automatisch die Führung und wirkt nichtwissend als Vorbild, z.B. bei der Sitzhaltung oder der Lautstärke beim Sprechen. Der andere macht vieles einfach nach. Fehlt die Fähigkeit bei einem Menschen, sich auf einen anderen einzustellen, finden wir das seltsam oder unnormal. Es wäre möglich, dass Ärzte dann das Asperger-Syndrom oder Autismus diagnostizieren.

Als ich 1994 mit meiner Trainer- und Coachingtätigkeit begann, war ich in Seminaren oder in Einzelgesprächen sehr mit mir selbst beschäftigt. Ein typischer Anfängerfehler übrigens. Ich versuchte eher, eine gute Figur zu machen, als mich darauf zu konzentrieren, was meine Kunden brauchten. Die Feedbacks waren *vorwiegend* gut und ich sah keine Notwendigkeit, etwas zu verbessern. Es lief ja. Ein paar Jahre später wurde ich zu einer Sendung von Winfried Noé als Fachmann für Mentaltraining und positives Denken eingeladen. Hinterher war ich alles andere als zufrieden mit meinen Äußerungen. Die Moderatorin hatte sich leider nicht an unsere abgesprochenen Fragen gehalten und ich hatte bedauerlicherweise vor der Kamera keine zehn Minuten Zeit für eine gute und spontane Antwort. Ich fand nicht, dass ich eine erstklassige Figur vor der Fernsehkamera abgegeben hatte. So beschloss ich, etwas zu unternehmen, wusste aber noch nicht genau, was. Kurze Zeit später sah ich Vera F. Birkenbihl erstmalig in einem Vortrag und war begeistert von der Performance dieser großartigen Trainerin und Speakerin. Sie bestach durch geniale Erklärungen und veranschaulichte selbst komplizierte Sachverhalte der Gehirnforschung mit einfachen und einleuchtenden Skizzen. Zudem wusste sie spontan auf jede Frage aus dem Publikum eine wertvolle und passende Antwort und gab wirkungsvolle Tipps. Von da an hatte ich ein festes Ziel: genauso gut zu werden, wie diese erfahrene Trainerin und Referentin. Ich kaufte mir ihre Bücher und Videos und schaute mir alles ab, womit ich meine Tätigkeit als Trainer und Speaker verbessern konnte. Sie wurde für eine lange Zeit mein großes Vorbild. So verbesserte ich meine Präsenz in Seminaren und bei Vorträgen. Irgendwann lernte ich die damals Größte der Branche persönlich gut kennen und ließ mich von ihr ausbilden.

Wenn Sie Ihre Tätigkeit als Führungsperson prüfen und verbessern wollen, dann finden Sie eine Person, die eine ähnliche Tätigkeit ausübt und die Sie beeindruckt. Selbst wenn es nur Teilaspekte sind, die Sie von ihr lernen wollen. Wenn Ihnen beispielsweise die Rhetorik eines Politikers gefällt, könnte es Ihnen helfen, sich ein paar rhetorische Finessen von ihm abzuschauen und damit Ihre Argumentationskraft zu steigern. Als Lehrer auf einem Gymnasium etwa könnten Sie sich die Technik des Storytellings von Top-Trainern aneignen und somit die Aufmerksamkeit im Hörsaal verbessern. Vielleicht haben Sie als Betriebsratsvorsitzende in einem Hollywoodfilm eine atemberaubende Szene gesehen, in der eine hervorragende Schauspielerin eine Verhandlung meisterhaft für sich entschied. Befassen Sie sich ausgiebig mit dieser Szene und erforschen Sie, wie die Darstellerin ihre Strategie aufgebaut hat. Anschließend imitieren Sie bewusst ihr Verhalten. So einfach kann es sein.

Finden Sie für sich ein optimales Vorbild

Das passende Vorbild für Sie als Führungskraft sollte folgende Voraussetzungen bereits perfekt beherrschen:

- Es kann beeindrucken und Bewunderung und Vertrauen erwerben,
- es kann bei einer Aufgabenverteilung die besondere Herausforderung deutlich machen und den Sinn dieser Aufgabe vermitteln,
- es kann zur Kreativität anregen und
- es kann das jeweilige persönliche Wachstum Ihrer Mitarbeiter fördern.

Die Fähigkeiten, Begeisterung und Zuversicht zu erzeugen, genauso wie mitreißen zu können und Mitarbeitern ein Gefühl des Stolzes für die jeweilige Tätigkeit zu vermitteln, sind in Führungspositionen leider noch zu selten anzutreffen. Vereint Ihr zukünftiges Vorbild diese Verhaltensweisen, ist es genau die richtige Person. Ist Ihre Entscheidung gefallen, auf die Suche nach einem geeigneten Vorbild zu gehen, überprüft Ihr Unterbewusstsein automatisch diese Faktoren bei infrage kommenden Personen. Irgendwann wird Ihnen jemand auffallen, der genau diese Eigenschaften vereint. Gehen Sie dabei so vor, wie ich es im Folgenden beschreibe.

Ihr inneres Navigationssystem

Zur Vorbereitung und Ausrichtung Ihres Unterbewusstseins helfen Ihnen die nachfolgenden Fragen, um Ihr inneres Navigationssystem einzustellen:

- In welchen Bereichen Ihres Teams oder in der Firma läuft es Ihrer Meinung nach nicht rund? Auf welchem Gebiet möchten Sie sich gerne verbessern?
- Von welchen Personen wünschen Sie sich mehr Anerkennung?
- Welche Person beeindruckt Sie oder bekommt die Anerkennung, die Sie gerne hätten? (Vielleicht eine Person aus Ihrem Umfeld, vielleicht auch eine Person aus dem öffentlichen Leben.)
- Was genau beeindruckt Sie?

Wenn Sie sich diese Fragen durchdacht haben, ist es bereits passiert: Sie haben Ihre unbewusste Aufmerksamkeit auf ein denkbares Vorbild gerichtet. Sobald Sie es gefunden haben, wird Ihr Unterbewusstsein melden, dass Sie jetzt am Ziel sind.

Stellen Sie sich vor, ich würde jetzt seitenweise über die Farbe Blau schreiben. Die Farbe des Himmels ist … richtig: blau. Stellen Sie sich einen Farbeimer vor, in dem Sie gerade eine tiefblaue Farbe angerührt haben. Welches Firmenlogo in blau fällt Ihnen ein? Sind Sie schon einmal über Malediveninseln geflogen? Wie war die Farbe des Wassers unter Ihnen? Und so weiter und so weiter. Wenn Sie dieses Buch zuklappen und sich umschauen würden, würde Ihnen alles auffallen, was blau ist. Ihr Unterbewusstsein meldet Ihnen: „Schau nach links, da ist schon wieder etwas Blaues!“ Eine innere Programmierung ist gestartet – ähnlich wie bei der Floskel Ihres Kollegen.

Innere Programmierungen arbeiten viel effektiver als unser Verstand. Denn der setzt Sie nur unter Druck. Haben Sie sich schon einmal mit einer Person unterhalten, deren Namen Sie vergessen haben? Haben Sie während des Gespräches verzweifelt versucht, sich an den Namen zu erinnern? Wann fiel er Ihnen wieder ein? Als Sie sich entspannt haben. So funktioniert Ihr inneres Navi.

Leitbild statt Leid-Bild

Grundsätzlich bin ich der Meinung, dass viele Manager und Führungskräfte in Deutschland ihren Job besser machen, als der Ruf, der ihnen nacheilt, vermuten lässt. Dennoch gibt es bei Führungskräften hohen Nachholbedarf in puncto Außenwirkung.

Wie wollen Sie von Ihren Mitarbeitern und Mitarbeiterinnen gesehen werden? Im Kapitel „Wie steht es um Ihre Führungskompetenz?“ sind wir auf einige Ihrer Verhaltensweisen und Ressourcen eingegangen. Ich nehme an, dass Sie sich über Ihre Stärken und Schwächen Gedanken gemacht und entschieden haben, noch besser werden zu wollen. Denn ein anerkanntes Vorbild strebt danach, sich ständig zu verbessern. Auf diesem Weg werden Ihnen die folgenden Übungen helfen, sich auf dieses Abenteuer einzulassen.

Der Kommunikationswissenschaftler Paul Watzlawick, der die Behauptung aufstellte, dass man nicht nicht kommunizieren kann, entwickelte die Theorie, dass wir auf mindestens zwei Ebenen miteinander kommunizieren.

1. Auf der Verstandesebene:
   (oder auch Informationsebene genannt.)Hier übertragen wir mittels unserer Sprache oder über Bilder Zahlen, Daten und Fakten. Wenn ich sage, „die Stadt Hamburg liegt im Norden Deutschlands", würden Sie nicht widersprechen können und mir zustimmen. Genauso sind wir uns sicher einig, dass 8 + 8 = 16 ist oder 2.365 x 324 = 766.260. Das sind unumstößliche Fakten. Diese Infos lassen sich nicht wegdiskutieren.
2. Auf der Gefühlsebene:
   (oder auch Beziehungsebene.) Diese Kommunikationsebene benötigt nicht zwangsläufig informativen Inhalt. Werden Sie beispielsweise von jemandem angelächelt, vermuten Sie, dass Sie von dieser Person gemocht werden oder Zustimmung erfahren.
   Würde ich dagegen sagen „Hamburg ist die schönste Großstadt Deutschlands!", käme es auf Ihre persönliche Meinung bezüglich dieser Aussage an. Stimmen Sie mir zu, bewerten Sie vermutlich diese Aussage als objektiv und inhaltlich korrekt. Sind Sie anderer Meinung, protestieren Sie auf irgendeine Art.

Haben Sie gerade in Erwägung gezogen, die Multiplikation von Punkt 1 nachzurechnen oder es sogar getan? Dieser Tatendrang kam von einer anderen Kommunikationsebene. Wir kommunizieren neben den beiden watzlawick'schen Kommunikationsebenen noch auf einer anderen, ebenso wichtigen und viel größeren Kommunikationsebene, der Meta-Ebene. Hier unterscheidet der Schweizer Mentaltrainer Andreas Ackermann diese drei Bereiche:

1. die erschaffende *(kreative)* Denkebene
2. die erhaltende *(bewahrende)* Denkebene
3. die zerstörerische *(destruktive)* Denkebene

Diese drei Denkebenen kommunizieren mit Ihnen leise im Hintergrund. Es sind Selbstgespräche, die Sie vermutlich nicht abstellen können. Vielleicht ist Ihnen Ihre innere Stimme auch gar nicht bewusst. Diese innere Stimme beginnt bereits morgens beim Aufwachen – noch bevor Sie die Augen geöffnet haben – mit Ihnen zu sprechen und beendet die Kommunikation erst abends, nachdem Sie das Licht gelöscht und die Augen geschlossen haben. Selbstgespräche sind ein Relikt aus unserer frühsten Kindheit. Damals haben wir sie beim Spielen mit fiktiven Personen oder Gestalten genutzt. Heute tun wir das immer noch. Nur bewegen wir den Mund nicht mehr dabei.

Interessant ist, wie diese innere Stimme mit Ihnen spricht. Wie reden Sie mit sich selbst? Sind diese Gespräche eher aufbauend oder vernichtend? Eher wertschätzend oder ironisch und abwertend? Wie gehen Sie mit sich um? Erfahrungsgemäß sind viele Menschen sehr kritisch mit sich und unzufrieden mit ihren Ergebnissen. Stellen Sie einmal den inneren Lautsprecher an und horchen Sie in sich hinein. Wenn die Konversation so negativ verläuft, wie Sie es keinem anderer Menschen gestatten würden, empfehle ich Ihnen, dieser Stimme ebenfalls den Mund zu verbieten. Ich erläutere Ihnen später noch, wie Sie das schaffen. Selbstgespräche führen zu einem bestimmten Selbstbild, was wiederum Ihr Selbstwertgefühl und Selbstbewusstsein erzeugt. Je nachdem, wie diese Stimme mit Ihnen kommuniziert, verändert sich Ihre Körperhaltung und somit Ihre Wirkung nach außen. Wie andere Menschen Sie sehen, wird von dieser Stimme bestimmt. Das halte ich durchaus für prüfenswert.

Eine erfolgreiche Unternehmerin kam zu mir ins Hypno-Coaching und wollte ihre innere Stimme von mir weghypnotisiert bekommen – ständig diese ewigen kritischen Gedanken. Ihr Ziel war es, endlich Ruhe im Kopf zu erlangen. Ich erklärte ihr, dass diese Stimme wichtig sei, um beispielsweise Entscheidungen treffen zu können und gab ihr einige Hinweise, wie sie selbst diese freilaufenden Gedanken kontrollieren kann. Nachdem sie verstanden hatte, wie sie mit den drei Denkebenen arbeiten kann, um das unvorstellbare Potenzial ihres Unterbewusstseins sinnvoll zu nutzen, war die Geschäftsfrau beruhigt.

Haben Sie manchmal auch das Gefühl, keine Kontrolle mehr über Ihre Gedanken zu besitzen? Hätten Sie auch gerne mal diesen inneren Frieden? Hierfür eignet sich die folgende Übung. Dies ist ein längerer Prozess, der sich aber lohnt. Sie werden feststellen, dass Sie schneller und mit größerem Erfolg Probleme lösen. Setzen Sie den Prozess vorerst drei Wochen lang aktiv in Gang. Sie brauchen dazu nicht in einen Erholungsurlaub zu investieren. Weil es ganz alltägliche Situationen sind, die Sie neu durchdenken, läuft der Prozess nebenbei.

- Lassen Sie sich mehrmals täglich von Ihrem Mobiltelefon daran erinnern, Ihre innere Stimme zu überprüfen. Wie viele von den 40.000 bis 60.000 Gedanken, die tagein, tagaus durch Ihren Kopf schießen, beschäftigen sich mit persönlichen Interna?
- Schon bald fällt Ihnen auf, wie Ihr innerer Dialog abläuft. Wenn Sie wissen, wie Sie mit sich umgehen, können Sie bewusst Einfluss nehmen, indem Sie sich diese Gedanken verbieten.
- Sie stellen beispielsweise fest, dass Sie sich für eigene Fehler extrem maßregeln. Gedanklich attackieren Sie sich heftig, indem Sie sich beschimpfen: „Du Idiot, Mistkerl, Heulsuse, Blödkopf, Nichtsnutz“ und so weiter.
- Sobald Sie das bemerken, stoppen Sie aktiv diesen Gedanken und verteidigen Sie sich gegen diese Art der Kommunikation. Beenden Sie Ihre Gedankenkette.

- Suchen Sie sich dann lieber eine Lösung, ohne die Situation zu bewerten. Formulieren Sie diesen Gedanken ins Positive. Wahrscheinlich beginnen anfangs Ihre Gedanken, Karussell zu fahren. Dann ist es Ihre Aufgabe, diesen Prozess erneut zu stoppen und zwar so lange – immer wieder, bis der innere Angreifer aufgibt. Ja, es ist zunächst sicher eine Verteidigung gegen einen Feind.

Und als solchen sollten Sie ihn betrachten. Gestatten Sie niemandem, auch nicht sich selbst, Sie so zu behandeln. Das kann ich nicht oft genug wiederholen. In der Bibel steht geschrieben, „Du sollst deinen Nächsten lieben, wie dich selbst!“. Ich behaupte, das tun wir bereits, denn wie wir wissen, sind wir mit uns oft am kritischsten. Diese kritischen Gedanken kommen aus der dritten Denkebene, die wir uns jetzt einmal anschauen.

Die 3. destruktive Denkebene:
Von dieser Ebene aus kommen Ihre negativen Gedanken. All Ihr Pessimismus, der genau weiß, dass Ihre Vorhaben scheitern werden. Die ganze Welt ist schlecht zu Ihnen – UND UNGERECHT! Und Ihre Mitarbeiter erst ... Die sind an allem schuld. Diese Nichtsnutze, alles muss man ihnen hinterhertragen ... Wofür haben Sie die eigentlich? Wenn das Arbeitsrecht denen nicht einen Kündigungsschutz eingeräumt hätte ... Und überhaupt, wer ist dafür verantwortlich, dass Sie Ihrem Team jetzt verkünden müssen, dass es bis zum Ende des Jahres mit Kurzarbeit zu rechnen hat? Die Weltwirtschaftskrise! Und wer muss das jetzt wieder ausbaden?

Solche und ähnliche Gedanken kennen wir zur Genüge. Niemand ist davon befreit. Jeder von uns weiß um diese Momente, in denen wir alles infrage stellen und keine Lösung parat haben. Interessanterweise fällt uns in diesen

Zeiten alles auf, was negativ und schlecht ist. Wir schauen durch eine Brille, die nur Fehler durchlässt. Wir regen uns über alle möglichen Dinge auf.

Wie oft benutzen Sie Ihrer Meinung nach diese 3. Denkebene? Wie viel Zeit verschwenden Sie mit derartigen Gedanken? Ein sicheres Zeichen dafür, dass sich jemand auf dieser Denkebene befindet, ist Neid. Kennen Sie Menschen, die ständig anderen etwas neiden oder schlechtmachen, was andere tun oder haben?

Achtung: Niemand kann sich rühmen, solche Denkansätze nicht zu besitzen. Jeder von uns hat diese Phasen, in denen uns alles über den Kopf wächst. Keiner kann sich davor schützen. Wie lange Sie allerdings in dieser Situation bleiben, können Sie selbst entscheiden.

Die 2. bewahrende Denkebene:
Alle festhaltenden Gedanken kommen von der 2. Denkebene. Veränderungen werden eher abgelehnt. In einem Zustand, in dem wir solche Gedanken haben, wollen wir, dass alles so bleibt, wie es ist. Manche bezeichnen diese Phase auch als Komfortzone. Ich selbst finde den Begriff bereits etwas abgenutzt. Menschen, die hauptsächlich auf der 2. Ebene denken, legen lieber ihre Ersparnisse auf das Sparkonto, wohlwissend, dass der Zinseszins so gering ist, dass das Geld in Summe weniger wird. Das Risiko des Totalverlustes bei Aktienkauf gehen sie nicht ein. Lieber bleiben sie beim so sehr verhassten Telefonanbieter, weil sie da ja schon ewig sind. Das attraktive Angebot eines Konkurrenzunternehmens auszuprobieren, birgt Gefahren. Haben Sie eigene Beispiele parat?

Die erhaltende Denkebene wird Studien nach von ca. 80% der Bundesdeutschen am meisten benutzt, weil es uns in Deutschland wirtschaftlich relativ gut geht. In konservativen Gegenden erhöht sich die Prozentzahl drastisch. Veränderungen werden nicht gerne gesehen und „Fortschritt muss sich erst mal beweisen, bevor da mitgemacht wird …“.

Natürlich ist es auch bequemer, alles beim Alten zu lassen, als die Ärmel hochzukrempeln und Dinge zu verändern. Loslassen ist schwierig, wenn diese Denkebene aktiv ist.

Ist es nicht so, dass einige bis zum letztmöglichen Termin warten, bis sie mit alten Gewohnheiten aufräumen? Haben Sie sich Ihre Situation in der Firma lange und hart erarbeitet und läuft vieles so, dass Sie nicht in Jubelstürme ausbrechen können, aber froh sind, über die geringen Unannehmlichkeiten, die vorherrschen? Dann befinden sich Ihre Gedanken vorwiegend auf der 2. bewahrenden Denkebene. Bitte nicht falsch verstehen: Das ist keine Kritik. Die Tatsache, dass es so ist, kann Ihnen einiges klarmachen.

Es gibt auch Positives zu berichten: Die 2. Denkebene führt auch zu routiniertem Arbeiten. Aufregungen lenken von Arbeiten ab, die einfach nur erledigt gehören. Nur, machen Sie sich bewusst, dass, wenn Ihre Gedanken hauptsächlich auf diesen Frequenzen arbeiten, keine neuen Impulse zugelassen, sondern sogar blockiert werden. Bevor wir uns mit der Bearbeitung von Problemen beschäftigen, die uns womöglich auf die 3. Denkebene zurückwerfen und wir uns dann über den Ist-Zustand aufregen, belassen wir es dabei.

Die 1. kreative Denkebene:
In diesem Bereich explodieren Ihre Geistesblitze förmlich. Lösungsorientiertes Denken findet auf dieser Denkebene statt. Sie sprudeln nur so vor Energie und Kreativität. Das sehen andere Ihnen auch an. In diesem Zustand fühlen Sie sich gut, Ihr Immunsystem läuft auf Hochtouren, Sie sind Herausforderungen gegenüber positiv eingestellt, Sie halten *alles* für möglich. Anstatt sich über steigende Spritpreise und Energiekostenexplosionen aufzuregen, überlegen Sie, was Sie tun können, damit sich Ihre Firma die Preisentwicklung langfristig leisten kann.

Gönnen Sie anderen Menschen Erfolg, ist das ein sicheres Zeichen, dass diese lösungsorientierte Ebene Ihres Geistes aktiv ist. Neues wird kreiert und es ist genug Motivation vorhanden, um Projekte anzugehen. Ihre Einstellung zu Ihren Mitarbeitern ist eher positiv und unterstützend.

Wenn Sie glauben, dass Sie sich ständig auf dieser Bewusstseinsebene befinden, irren Sie. Die Gedanken wechseln von einer Ebene zur anderen. Sie werden maßgeblich von Ihrer Umgebung beeinflusst. Wie ist die momentane Situation in Ihrer Familie? Wie oft ärgern Sie sich über Ihren Partner oder Familienangehörige? Wann haben Sie sich zuletzt kreative Geschenkideen einfallen lassen oder einfach nur einen schönen Blumenstrauß mit nach Hause gebracht? Wie ist die Lage in der Firma und im Team mit Ihren Mitarbeitern? Wann haben Sie sich letztmalig für Verbesserungsvorschläge Ihrer Mitarbeiter interessiert? Welchen Stellenwert hat überhaupt das Ideenmanagement in Ihrem Unternehmen? Nutzen Sie Ihre hochqualifizierten Mitarbeiter als Potenzial? Schaffen Sie einen Nährboden für Innovation oder wird doch eher das Unkraut wuchern gelassen? In den vergangenen Jahrzehnten hat sich Deutschland nicht sehr für das Vorschlagswesen in den Firmen berühmt gemacht. Wenn man den Nachforschungen des Deutschen Instituts für Betriebswirtschaft Glauben schenken darf, hat sich die Anzahl der Verbesserungsvorschläge von 1990 bis 2006 um 0,2 Verbesserungsvorschläge pro Jahr und Mitarbeiter auf 0,6 verbessert. Japan hingegen hat sein Management auf die Ideen seiner Mitarbeiter ausgerichtet und erreicht einen Durchschnittswert von 61 Verbesserungsvorschlägen pro Mitarbeiter, von denen auch noch 90% umgesetzt wurden.

Überlegen Sie einmal, auf welcher Denkebene sich die Gedanken Ihres Teams befinden. Wie innovativ und kreativ werden Vorschläge gemacht? Wie viele Ideen werden aktiv umgesetzt? Was kann Ihrerseits getan werden, die Zahl zu erhöhen? Wenn es stimmt, dass wir in unserem ganzen Leben nur 3% unseres Unterbewusstseins nutzen, welche Vorteile würde es bringen, wenn wir mit dieser Methode dessen Nutzung um nur ein weiteres Prozent steigern könnten? Ich glaube fest daran, dass es uns gelingen kann. Sie auch?

Helfen Sie Ihren Mitarbeitern aus der 3. oder 2. Denkebene in die lösungsorientierte 1. Denkebene. Motivieren Sie sie, gedanklich mehr Zeit für die eigentliche Lösung zu investieren, als lange über das Problem zu sinnieren. Somit erzeugen sie bessere und effektivere Resultate. Nicht mit blöden Sprüchen ermahnen, wie: „Sie müssen einfach nur positiv denken!" Damit erreichen Sie genau das Gegenteil. Stellen Sie lieber häufiger offene Fragen, wie: „Wie könnte Ihrer Meinung nach die optimale Lösung aussehen? Was würden Sie tun, wenn alles möglich wäre? Wo sollte die Reise hingehen, wenn Sie zu entscheiden hätten?" Das hilft Mitarbeitern in die 1. Denkebene zu gelangen.

Selektiv kommunizieren

Etwas, woran sich junge Führungskräfte erst gewöhnen müssen und womit sie sich häufig schwertun, ist, selektiv zu kommunizieren. Michael Mary, der bekannteste deutsche Paarberater, begann ein Seminar mit den Worten: „Wenn du alles von mir wüsstest, würdest du mich nicht mehr lieben!" Dasselbe gilt für Manager. Würden Ihre Mitarbeiter alles von Ihnen wissen, würden sie Ihnen nicht mehr folgen. Ihr Ansehen bekäme Kratzer. Bleiben Sie auf dem Sockel, auf den Ihre Mitarbeiter Sie stellen. Da gehören Sie ihrer Meinung nach hin. Mit zu viel persönlicher Information über sich selbst desillusionieren Sie nur und zerstören das aufgebautes Bild. Begeben Sie sich aber nicht selbst auf diesen Sockel – Sie würden dann arrogant wirken. Bieten Sie lieber ein beispielhaftes Vorbild an, dem Ihr Personal aus eigener Entscheidung nacheifern will.

Treffen Sie eine Auswahl an Themen, die Sie von sich preisgeben wollen und reduzieren Sie die Informationsmenge. Achten Sie darauf: Weniger ist mehr. Je weniger Ihr Team von Ihnen weiß, desto geheimnisvoller werden Sie. Zu wenige Infos machen Sie unheimlich und unpersönlich. Wie in der Medizin, macht die Dosis das Gift. Ihre Mitarbeiter als Seelenklempner oder Coach zu missbrauchen, wirkt schwach. Würden Sie einer Führungskraft vertrauen, die nicht in der Lage ist, Probleme zu lösen und Entscheidungen zu treffen? Wie lange Sie für eine Entscheidungsfindung benötigen, ist sehr persönlich und geht niemanden etwas an – zumindest nicht beruflich! Seien Sie kein Kumpel für Ihr Team. Wie heißt es doch so schön: Führen macht einsam! Damit müssen Sie leben. Die Rolle als Macher und Manager haben Sie sich hart verdient. Setzen Sie es nicht mit zu vielen persönlichen Geschichten aufs Spiel. Sie haben eine Aufgabe übernommen und das wollen Ihre Mitarbeiter von Ihnen sehen. Sie wollen sogar, dass Sie beweisen, dieses Amt verdient zu haben. Hierbei werden einige Teammitglieder mit Ihnen in Konkurrenz gehen. Die anderen sehen gelassen zu und beobachten, wie Sie auf die Angriffe reagieren. Haben Sie die ersten Attacken brillant gemeistert, haben Sie sich den Platz auf dem Sockel verdient. Mit zu viel persönlichem Hintergrundwissen über Sie nutzen Mitarbeiter Ihre Schwächen aus.

Meist sind es Männer, die auf neue Führungskräfte reagieren. Das hat mit der normalen männlichen Hackordnung zu tun, die ausgefochten wird. Das ist normalerweise nicht böse gemeint und gehört zu normalem Ritual. Es soll eine wahre Begebenheit gewesen sein, dass sich Helmut Kohl und Joschka Fischer zum Essen trafen, um inoffiziell ein paar Dinge zu besprechen. Dieses Gespräch soll zu einer Zeit stattgefunden haben, als Fischer noch sehr schlank war und ständig joggte. Die beiden trafen einander beim Lieblingsitaliener Helmut Kohls. Unser damaliger Bundeskanzler kam üblicherweise zu solchen Gesprächen eine halbe Stunde früher, um schon mal *anzukommen und seinen Platz einzunehmen.* Das hat eine wichtige psychologische Bedeutung: Es entsteht ein Gefühl von zu Hause sein, man tritt dann als Gastgeber auf und nimmt somit automatisch die stärkere Position ein. Fischer kam pünktlich zum Gespräch. Nun ist es unter Männern üblich, dass sie in den ersten Minuten kommunikativ ihre Position für dieses Gespräch auskämpfen. Kohl sagte: „Mensch, Herr Fischer, wenn man Sie so ansieht, meinte man, es sei eine Hungersnot ausgebrochen!" Hätte Fischer sich jetzt für seine Figur gerechtfertigt, wäre er automatisch in der schwächeren Position gelandet. Stattdessen antwortete er: „Ja, Herr Kohl, und wenn man Sie betrachtet, meint man, Sie wären der Grund dafür!" Beide lachten und hatten ab sofort ein Gespräch auf Augenhöhe.

Frauen in Führungspositionen tun sich erfahrungsgemäß mit diesen Spielchen der Männer im Geschäftsleben schwer. Sie folgen in Männerdomänen weiblichen Ritualen und scheitern meist. Das ist aus meiner Erfahrung der Hauptgrund, weshalb Frauen immer noch weniger Geld verdienen als ihre männlichen Kollegen. Marion Knaths schrieb ein interessantes Buch für Frauen in Führungspositionen, in dem sie auf genau diese Stolpersteine hinweist. Das Buch heißt „Spiele mit der Macht – wie Frauen sich durchsetzen". Selbst für einige Männer, die ohne männliches Vorbild aufwuchsen, ist es sehr empfehlenswert. Vielleicht prüfen Sie als Mann, wie viele Männer Ihr Leben geprägt haben. Wo früher der Papa noch zum Mittagessen nach Hause kam und viele männliche Lehrkräfte in der Schule waren, wurde sicher ein bestimmtes Männerbild geprägt. Sind Sie allerdings mit einer alleinerziehenden Mutter aufgewachsen oder kam der Vater so spät von der Arbeit, dass Sie als Kind bereits im Bett waren, wenn Sie eine Kindergärtnerin und viele

Lehrerinnen hatten, dann wird dieses Buch auch als Mann interessant für Sie.

Sabine Asgodom, die erste international anerkannte Managementtrainerin Deutschlands, brachte hierzu ein Beispiel: Männer sprechen im Beisein des Chefs über ihre Erfolge. Das tun Frauen in der Regel nicht und wundern sich dann über die Männer. Frauen sprechen auch in Gegenwart des Vorgesetzten über ihre Probleme und hoffen auf Lösungsansätze. Welcher bleibende Eindruck wird somit beim Chef hängen bleiben?

Selektive Kommunikation ist also ab einer bestimmten Position nicht nur unter gleichgestellten Kollegen wichtig. Stellen Sie sich vor, Sie treffen sich mit einem Menschen, mit dem Sie sich eine dauerhafte Beziehung vorstellen könnten. Anfangs gleichen Sie Themen ab, um festzustellen, ob mit ihm eine Basis besteht. Dann prüfen Sie im Gespräch automatisch sehr genau, auf welche Ihrer Worte der Gesprächspartner positiv reagiert. Dabei hilft uns unsere Besessenheit nach Zustimmung. Je wichtiger uns die Person ist, desto stärker der Wunsch nach Einstimmigkeit. Sie sagen dann Sätze wie: „Findest du nicht auch? Mir geht's genauso!" Wir wollen beim Gegenüber ein Gefühl von Liebe auslösen. Das ist das Ziel von ersten Dates. Differenzen oder Konflikte werden in dieser Situation vermieden.

Gleichermaßen sollten Sie vorgehen, wenn Sie sich als Vorbild positionieren wollen. Bauen Sie in den Köpfen Ihrer Mitarbeiter ein gewünschtes Bild auf. Dabei hilft Ihnen Ihr eigenes Vorbild.

Zusammenfassung

Wie Sie es schaffen, sich zum Vorbild zu machen. Ein paar kleine Tricks:

1. Treffen Sie die bewusste Entscheidung, Vorbild für Ihre Mitarbeiter sein zu wollen. Auch wenn Sie der Meinung sind, dass es unnötig sei, weil Sie es ja aufgrund Ihrer Position bereits sind. Treffen Sie die Entscheidung bewusst neu.
2. Prüfen Sie, in welchen Situationen Sie kein gutes Vorbild sind.
3. Suchen Sie sich selbst ein Vorbild, von dem Sie genau in dieser Situation lernen können und denken Sie mehrmals täglich an diese Person. Sie erzeugen damit genau das, was Sie als Vorbild erreichen möchten: Sie machen es automatisch und unbewusst nach.
4. Fragen Sie sich häufiger, wie diese Person an Ihrer Stelle reagieren würde. Das gibt Ihnen in diversen Situationen Halt.
5. Setzen Sie sich ein Zeitziel. Überprüfen Sie in etwa vier bis sechs Wochen, wie sich – aus Ihrer Sicht – Ihr Verhalten verbessert hat.
6. Schaffen Sie sich kleine Erinnerungen, indem Sie z.B. auf Haftnotizen Zeichen malen oder ein Erinnerungswort schreiben, um durchzuhalten. Platzieren Sie die Zettel so, dass Sie in Ihrem Alltag – am Badezimmerspiegel, am Kühlschrank, im Auto oder am Computer – häufig darauftreffen: Vielleicht richten Sie auch Handyerinnerungen ein. Das ist wahrscheinlich nur für die ersten drei Tage nötig.
7. Sorgen Sie dafür, dass Sie häufiger als bisher in der 1. Denkebene bleiben und motivieren Sie Ihre Mitarbeiter, dasselbe zu tun.
8. Fragen Sie sich: Wer will ich sein? Wen sollen meine Mitarbeiter sehen?
9. Halten Sie dieses Bild dauerhaft aufrecht.

10. Kommunizieren Sie selektiv. Geben Sie nur wenige Einblicke in Ihr Privatleben

Allein diese leicht umsetzbaren Punkte sorgen dafür, dass Sie in kurzer Zeit Ihr Verhalten ändern. Ihre Wahrnehmung wird sich verbessern – in Bezug auf sich selbst und auf andere Menschen. Sie erhöhen Ihre Menschenkenntnis und werden so den Umgang mit Ihren Mitmenschen optimieren. Ebenfalls werden Sie bald an Ihren Mitarbeitern eine Verhaltensänderung feststellen. Mit wachem Auge fällt Ihnen auf, dass sie sich Ihnen anpassen.

Testen Sie es. Nutzen Sie die Inspiration Ihrer Vorbilder und …

… seien Sie Vor-Bild!

Modul 2: Status – einmal anders überzeugen

Wie sich Kommunikationssignale auf Ihre Führungsaufgaben auswirken

Einer Ihrer wichtigsten Mitarbeiter aus der Produktion kommt zu Ihnen ins Büro. Sein Haupt ist gesenkt, er schwitzt, sein Gesicht lässt eine schreckliche Nachricht vermuten. Dann fängt er mit leiser Stimme an zu sprechen. Die Inhalte seines Berichtes nehmen Sie nur schemenhaft wahr, denn sein Projekt hat immense Auswirkungen auf die Zukunft Ihres Unternehmens. In Ihrem Kopf beginnt automatisch ein grausames Zukunftsszenario.

Wenn Sie mit Ihren Mitarbeitern sprechen, kommen unzählige Kommunikationssignale zum Einsatz, die weit über den Inhalt der Nachricht hinausgehen. Diese Kommunikationssignale hat der US-amerikanische Verhaltensforscher Albert Mehrabian 1971 in drei Bereiche unterteilt:

1. optische und olfaktorische Signale (Körpersprache)
2. akustische Signale (Stimme)
3. Inhalt (Worte)

Diese drei Bereiche der Kommunikationssignale wirken in einem Gespräch unterschiedlich und haben unterschiedliche Auswirkungen auf unsere Reaktionen. Mehrabian wies nach, dass die Kommunikation zu 55% von der Körpersprache, zu 38% von der Stimme und nur zu 7% vom Inhalt einer Nachricht beeinflusst wird. Demnach haben sowohl Sympathie und Antipathie, als auch die empfundene Rangordnung einer Person erheblichen Einfluss auf unsere Entscheidungen und Reaktionen. Mit empfundener Rangordnung meine ich, dass ein Vorgesetzter erst als solcher von seinem Gegenüber akzeptiert werden muss. Bis heute hält sich leider hartnäckig die Auffassung, aus den

Kommunikationssignale		
Körpersprache	**Stimme**	**Inhalt**
Körperhaltung	Lautstärke	Wortwahl
Blick	Sprechtempo	Argumente
Präsenz	Dialekt	
Aussehen	Sprachfluss	
Raum	Tonlage	
Gepflegtheit	Tonfall	
Geruch	Betonung	
Distanz		
Kleidung		
Mimik		
Gestik		
Ausstrahlung		
Accessoires		

Abbildung 3: „Kommunikationssignale"

Untersuchungsergebnissen von Mehrabian eine allgemeingültige Regel abzuleiten, die von vielen angepriesene „55-38-7"-Regel. Dabei hat er mit seinen Ergebnissen lediglich das relative Wirkungsverhältnis der drei Signalgruppen hervorgehoben. Bevor Sie jetzt also protestieren, dass Ihre Argumente in einer Diskussion mehr wert seien als nur 7%, bitte ich Sie, die genannten Zahlen auch nur relativ zu betrachten. Sie stimmen sicher zu, dass Sie mit Ihrer Präsentation Ihre Argumente wesentlich verstärken können.

Schauen Sie sich nun die Tabelle (Abbildung 3) mit den drei Bereichen näher an.

Wie Sie sehen, überwiegt die Anzahl der körpersprachlichen Aspekte in einer Kommunikation, dicht gefolgt von den stimmlichen Anteilen und dann erst folgen die Argumente. Die Wissenschaftler rätselten über eine Erklärung der durchaus erstaunlichen Untersuchungsergebnisse. Sie lieferten eine einleuchtende Erklärung, weshalb optische und akustische Signale so großen Einfluss nehmen: Unsere menschliche Entwicklung begann bereits vor etwa 1,3 Millionen Jahren. Lange Zeit verständigten sich unsere Vorfahren mit Körpersprache und Geräuschen. Das Instrument *Sprache* entwickelte sich aus einem Bedürfnis heraus, etwas bezeichnen oder ausdrücken zu wollen. So kamen vermutlich die ersten Höhlenmalereien zustande, aus denen sich dann später unsere Sprache entwickelte. Die mutmaßlich ersten Höhlenmalereien sind ca. 50.000 Jahre alt. Folglich haben wir 1,25 Millionen Jahre mehr Erfahrung mit dem Einsatz und der Deutung von Körpersprache und Stimme. Das nur als Hintergrund dafür, worum es mir in diesem Modul geht.

Ich gehe davon aus, dass Sie in Ihrer Laufbahn zum Thema Körpersprache mindestens ein Seminar besucht oder ein Buch gelesen haben. Wenn das bereits ein paar Jahre zurückliegt, haben Sie eventuell falsche Interpretationen gelernt. Beispielsweise wurde früher beharrlich verbreitet, dass verschränkte Arme Ablehnung bedeuten würden. Diese und ähnliche Fehlinterpretationen sind in der Vergangenheit durch Bücher und Seminare gegeistert. Völliger Quatsch, wie ich finde! Warum sollten Sie sich abgelehnt fühlen, nur weil Ihr Gesprächspartner seine Arme verschränkt? Vielleicht hat er Schulterschmerzen und es ist seine einzige schmerzfreie Körperhaltung und er kann Ihnen so am besten folgen.

Sie benötigen kein Seminar über die Bedeutung von Körpersprache. Sie haben bereits in jeder Körperzelle die Interpretationen seit weit über einer Million Jahren abgespeichert. Es ist verinnerlicht. Viel wichtiger erscheint mir, dass Sie sich mit *Ihrem* Verhalten auseinandersetzen und *Ihre* persönlichen Kommunikationssignale ausbauen. Denn wenn die Präsentation Ihrer selbst über die Reaktion Ihres Gegenübers entscheidet, macht es Sinn, sich damit zu beschäftigen. Was meinen *Sie*?

Es gibt Führungskräfte, die sich ihren Mitarbeitern gegenüber immer gleich verhalten. Entweder sind sie Choleriker, Rationalisten, Langweiler oder total Verständnisvolle. Was die Studie von Albert Mehrabian unzweifelhaft deutlich macht, ist, dass Sympathie und Antipathie im Umgang miteinander eine große Rolle spielen. Die Menschen sind unterschiedlich. Sie mögen wahrscheinlich nur einen der oben angeführten Vorgesetzten. Der harmoniebedürftige Mitarbeiter mag vermutlich den verständnisvollen Chef, der weniger emotionale Typ empfindet mehr Sympathie für den rationalen Vorgesetzten etc. Weil Ihre Mitarbeiter unterschiedlich sind, werden Sie nur von einem Bruchteil Ihrer Mitarbeiter gänzlich akzeptiert, wenn Sie nur *ein* Verhalten an den Tag legen. Wie Sie in verschiedenen Situationen unterschiedlich reagieren können und mehr Aufmerksamkeit und Zuspruch von Ihrem Team erhalten, ist mit einem Satz auf den Punkt zu bringen: Unterschiedlichen Mitarbeitern müssen Sie unterschiedlich entgegentreten. Alle Menschen gleich zu behandeln, hat nichts mit Gerechtigkeit zu tun, sondern mit Gleichmacherei. Sie brauchen keinen Extrakurs, in dem Sie neue Bewegungen lernen oder gar schauspielern. Alles, was Sie dafür benötigen, wissen Sie bereits. In diesem Modul graben wir nur die vorhandenen Ressourcen aus.

Der Begriff Status veranschaulicht Ihr Verhalten in Bezug zu einer Person, einem Gegenstand oder einem Raum. Sicher kennen Sie den Unterschied Ihres Verhaltens, wenn Sie das Büro eines Ihrer Mitarbeiter betreten oder wenn Sie in den Bürosaal Ihres Vorstandsvorsitzenden im 15. Stock des Unternehmens zitiert werden. Ebenso verhält sich ein Mitarbeiter Ihnen gegenüber anders, der Sie als seinen Vorgesetzten voll akzeptiert, als ein anderer, der es nicht tut. Mit nur ganz kleinen Veränderungen in Ihrem Verhalten können Sie eine höhere Wirkung Ihrer Aussagen erzielen. Nutzen Sie die gesamte Bandbreite Ihrer Persönlichkeit und Sie erhalten die Anerkennung, die Sie sich wünschen. Und

Verhandlungen werden ein Kinderspiel, weil Sie Begegnungen steuern können.

Statusverhalten

Ursprünglich kommt der Begriff *Status* aus dem Improvisationstheater, um Regieanweisungen bei den Proben zu vereinfachen. Mit ihm drücken wir ein Machtverhältnis oder ein Handlungsverhalten zwischen zwei Personen aus – das Statusverhalten. Sie positionieren sich jederzeit und zeigen ein bestimmtes Verhalten zu einem Menschen, einem Raum oder einem Gegenstand. Anders ausgedrückt: Sie ordnen sich unter oder fühlen sich überlegen. Diese Positionierung nennen wir Status. Es gibt drei unterschiedliche Varianten:

- den Oberstatus, mit dem Sie eher dominant wirken.
  Stellen Sie sich vor, dass Sie einen Mitarbeiter zur Rede stellen, der das dritte Mal in dieser Woche zu spät zur Arbeit kommt. Ihm gegenüber treten Sie normalerweise im Oberstatus auf und verdeutlichen ihm, dass Sie sein Verhalten nicht akzeptieren.
- den Mittelstatus, der ein neutrales und sachliches Verhalten ausdrückt.
  Beispielsweise, wenn Sie mit Mitarbeitern eine organisatorische Planung vereinbaren und sachlich diskutieren.
- den Unterstatus, der eine untergeordnete Haltung ausdrückt.
  Zum Beispiel, wenn Sie den Geburtstag Ihrer Sekretärin vergessen haben und sie um Verzeihung bitten.

Nur diese drei Zustände genügen, um Verhalten in wechselnden Situationen zu veranschaulichen. Das reicht.

Die Unterschiede der verschiedenen Status

Der Oberstatus

In diesem Status haben Sie eine besonders dominante Präsenz. Mit ihm drücken Sie Ihre Macht aus. Ihre innere Haltung ist durch klares Handeln bestimmt. Sie übernehmen die Initiative und treffen Entscheidungen. Führen Sie eine sachliche Kommunikation im Mittelstatus und gehen leicht in den Oberstatus, merkt Ihr Gesprächspartner das, da Sie jetzt auf eine Entscheidung drängen oder diese direkt treffen. Entscheidungen werden also nur aus dem Oberstatus heraus getroffen. Sie erhöhen Ihren Status lediglich in geringem Maße und wirken durch den relativ kleinen Unterschied nicht überheblich. Ist Ihr Gesprächspartner ein Ihnen unterstellter Mitarbeiter, wird es sogar von Ihnen gefordert. Hüten Sie sich davor, bei *Ihrem* Vorgesetzten in einen höheren Status zu gehen als er. Damit untergraben Sie seine Autorität. Das mag kein Chef. Genauso sollten Sie nicht einen tieferen Status einnehmen als Ihre Mitarbeiter. Wenn Sie diese beiden Faustregeln beachten, ist schon viel gewonnen.

Der Oberstatus erzeugt Widerstände, wenn der Statusunterschied zu Ihrem Gegenüber zu groß wird. Halten Sie vor Mitarbeitern Ihren sehr hohen Status bei, findet kaum noch Austausch statt. Denn keiner mag Ihnen in dieser Situation widersprechen oder etwas Falsches sagen. Die Angst vor Bestrafung wächst. Und nur, weil Ihre Mitarbeiter nichts mehr sagen und Sie viel reden, heißt das nicht, dass Ihre Mitarbeiter Ihnen noch zuhören.

Mein Tipp:

- Gehen Sie niemals bei Ihrem Vorgesetzten in einen höheren Status als er.
- Der Statusunterschied zu Ihren Mitarbeitern sollte nicht zu groß sein, wenn Sie auf Teamarbeit Wert legen.

Informationsaustausch wird durch stark erhöhten Status eingeschränkt oder gar blockiert.

Der Mittelstatus

Gehen Sie mit Ihren Mitarbeitern in einen Mittelstatus, ist ein starker Informationsaustausch möglich. Auf dieser Kommunikationsebene fühlt man sich seinem Gegenüber gleichgestellt. Diese emotional gleiche Ebene bewirkt ein gutes Teamgefühl. Lösungen werden gemeinsam gesucht. Solange in der Sache Einigkeit herrscht, kommt es zu guten Entscheidungen, die von allen ohne vorherige Absprache mitgetragen werden. Ist man sich in der Sache aber uneinig, kommt es zu keiner Lösung, keiner Einigung und letztendlich zu keiner Entscheidung. Dazu muss dann jemand aus der Gruppe seinen Status erhöhen, was von den anderen akzeptiert werden muss. Dann kann derjenige eine Entscheidung treffen.

Mein Tipp:

- Mittelstatus ist so lange gut, solange Einigkeit in der Sache herrscht.
- Dauert die Diskussion zu lange, erhöhen Sie als Führungskraft leicht Ihren Status, treffen die Entscheidung und informieren das Team.

Der Unterstatus

Jemand im Unterstatus fällt kaum auf. Er wird keine Entscheidungen treffen oder an ihnen beteiligt sein. Routinearbeiten werden ausgeführt. Im Unterstatus befindet sich, wer keine Verantwortung tragen will. Initiative kann von ihm nicht erwartet werden. Dieser Zustand führt zur sogenannten Vollkasko-Mentalität. Diese Hängematte ist bequem, hat aber den Nachteil, dass man nicht mehr ernst genommen wird.

Mein Tipp:

- Mitarbeiterinnen und Mitarbeiter, die längere Zeit in diesem Zustand verharren, drohen in den Zustand der inneren Kündigung abzurutschen. (Siehe Gallup-Studie weiter vorne.) Bindet man sie wieder in Entscheidungsprozesse ein, indem man häufiger nach ihrer Meinung fragt, hilft man ihnen aus diesem Jammertal heraus.
- Führungskräfte im ständigen Unterstatus werden belächelt oder sogar verspottet. Dagegen hilft nur die Arbeit an sich selbst und seinem Selbstwertgefühl. Sollte es Sie betreffen, suchen Sie sich Hilfe bei einem erfahrenen Coach – dringend!

Unterschiedliche Verhaltenspotenziale

Ihr Verhaltensspektrum lässt sich, wie in Abbildung 4 dargestellt, leicht verdeutlichen.

Im Diagramm der Abbildung 4 finden Sie mehrere Verhaltenspotenziale. Es zeigt das Einsetzen von Körpersprache und Stimme unterschiedlicher Personen in unterschiedlichen Situationen. (Die Ziffern im Diagramm beziehen sich auf die angeführten Erläuterungen.)

1. Diese Person nutzt ihr gesamtes Potenzial der verschiedenen Status. Sie kann sich mächtig oder sogar ungehalten im Oberstatus zeigen, wie bei einem Angriff mit bösem Blick, und bedrohlich wirken. Übergangslos ist ihr im Mittelstatus auch sachliches Verhalten in Diskussionen bei Planungsarbeiten möglich. Zu guter Letzt kann sich dieser Mensch auch im Unterstatus unterordnend verhalten, wie es beispielsweise bei einer Entschuldigung nötig ist.

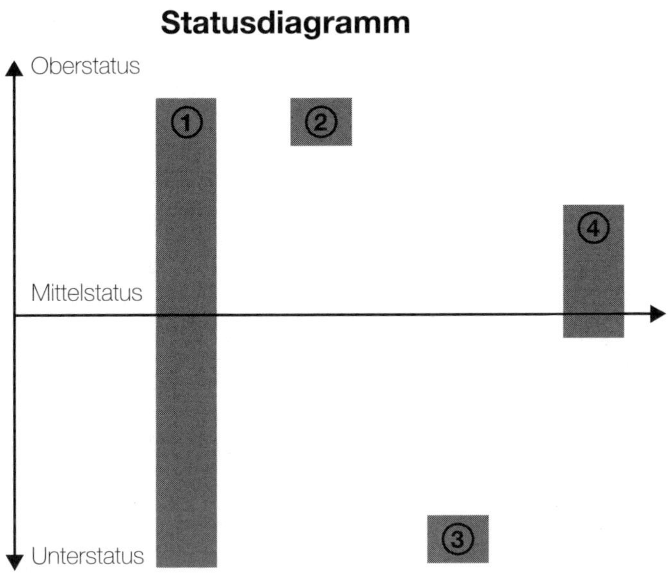

Abbildung 4: Statusdiagramm. Die Ziffern im Diagramm beziehen sich auf die angeführten Erläuterungen.

2. Hierbei handelt es sich um eine Person, die nur im Oberstatus agiert. Sie positioniert sich ausschließlich über andere Personen. Sie erkennen jemanden im ständigen Oberstatus daran, dass er ernst bis böse schaut, Sie immer von oben herab behandelt und Sie ständig bevormundet. Unterwürfigkeit ist so einer Person unmöglich. Selbst sachliches Auftreten scheint ihr bedrohlich zu sein. Sie wirkt auf andere überheblich, kaltherzig und unnahbar. Rapport mit diesem Menschen ist nur schwer herzustellen. Meist empfindet man Antipathie für ihn.
3. Bei dieser Person ist genau das Gegenteil zu erkennen. Menschen, die sich ständig im Unterstatus befinden, zeigen sich sehr schüchtern und unterwürfig. Es ist keine Stärke zu erkennen. Sie ist weitgehend unfähig,

Entscheidungen zu treffen oder Verantwortung zu übernehmen. Es ist ihr Bestreben, unauffällig zu bleiben.

4. Position 4 im Diagramm zeigt ein durchschnittliches Verhalten, wie viele Führungskräfte es in Trainings am Flipchart einzeichnen, wenn ich darum bitte, sich selbst einzuschätzen: viel Trainingspotenzial nach oben und unten. Ich bin überzeugt davon, dass viele Menschen ihr Verhalten stärker ausprägen sollten, um bessere Ergebnisse in den verschiedenen Arbeitssituationen zu erzielen. Sicher stimmen Sie mir zu, dass es keinen Sinn macht, vor einem Mitarbeiter zu stehen und ihm mit Dackelblick und freundlicher Mimik zu erklären, dass er einen großen Fehler begangen hat, der das Unternehmen viel Geld gekostet hat. Wenn Sie glauben, dass in solch einer Situation keiner wie beschrieben reagieren würde, dann überprüfen Sie einmal Ihr Verhalten, wenn Sie jemanden maßregeln müssen.

Untersuchungen nach, folgen Arbeitnehmerinnen und Arbeitnehmer ihren Führungskräften am liebsten, wenn sie ein breites Statusverhalten wie Person 1 im Diagramm zeigen. Die Mischung macht's. Es wird von Menschen mit Personalverantwortung intelligentes Sozialverhalten erwartet – jeder Situation angepasst. Chefs müssen sich behaupten können und Stärke zeigen. In einer schwierigen Lage brauchen Mitarbeiter einen Steuermann, der weiß, was zu tun ist, um das Schiff aus dem Seenotbereich herauszuführen. Dabei darf der Chef sich nicht von Mitarbeitern das Heft aus der Hand nehmen lassen, die ihre Chance wittern und in Konkurrenz zur Führungskraft gehen. Genauso wird von der Führungskraft erwartet, dass sie sich ihren Untergebenen gegenüber empathisch verhält, wenn diese gerade einen Rückschlag erlitten haben und aufgebaut werden müssen.

Wie schätzen Sie *Ihr* alltägliches körpersprachliches

Statusverhalten als Führungskraft ein? Wie stark ist bei Ihnen jeder der drei Verhaltensbereiche ausgeprägt? Sie können sicher sein, dass Sie alle drei Ebenen beherrschen. Das kann jeder. Wahrscheinlich nehmen Sie im Privatleben häufiger einen anderen Status ein als in beruflichen Situationen. Und dennoch liegt Ihnen eine bestimmte Rolle oder ein bestimmter Status am ehesten. Dieses Statusverhalten übernehmen Sie dann auch in anderen Situationen. Sie werden dann quasi zum Statusexperten wie die Personen 2, 3 und teils auch 4 im Diagramm. Mit Statusexperte meine ich, dass generell nur ein Verhalten gezeigt wird. Die anderen Ebenen werden weniger benutzt. Wenn Sie beispielsweise bei Ihrer Kindererziehung zu Hause im Oberstatus agieren und damit sehr erfolgreich sind, ist die Gefahr groß, dass Sie sich auch in der Firma Ihren Mitarbeitern gegenüber im Oberstatus verhalten. Dasselbe gilt natürlich für den Statusexperten, der ständig aus dem Unterstatus reagiert. Eine einseitige Positionierung des Verhaltens hat zur Folge, dass die anderen Verhaltensweisen nicht mehr trainiert werden und teils verloren gehen.

Hin und wieder werde ich gefragt, welcher Status denn jetzt der beste sei. Zu dieser Frage ist meine Antwort immer die gleiche: Alle! Es gibt keinen guten und keinen schlechten Status. Der Statusexperte hat, wie bei Scheuklappen, nur einen schmalen Blickwinkel seines Verhaltens zur Verfügung und somit auch weniger Anerkennung aus seinem Team. Es weiß dann mittlerweile schon, wie er in unterschiedlichen Situationen reagieren wird. Mitarbeiter reagieren wesentlich stärker auf flexibles Verhalten ihrer Vorgesetzten. Je anpassungsfähiger Sie als Chef mit Ihrem Verhalten agieren können, desto schlechter können Ihre Mitarbeiter Sie in eine Schublade stecken. Automatisch werden Sie von Ihren Mitarbeitern beobachtet und dadurch wirken Sie präsenter.

Wie Ihre Kommunikationssignale Ihren Status ändern

Nun haben Sie ganz viel über die unterschiedlichen Status gelesen und sich sicher gefragt, mit welchen Maßnahmen Sie Ihren Status gezielt verändern können. Wir sprechen ein paar effektive Stellschrauben an, die Ihnen in Ihrer Führungsarbeit ein leichtes Umsetzen ermöglichen. Mir ist es wichtig, dass Sie sofort loslegen können. Dazu ist es hilfreich, wenn Sie sich ungestört zurückziehen und einen Spiegel zur Hand nehmen. Der Blick in Ihr Gesicht hilft Ihnen beim Erkennen diverser Statusunterschiede.

Überlegen Sie einmal, welchen Gesichtsausdruck Sie haben, wenn Sie mit jemandem über eine *ernste* Sache sprechen. Sie wollen beispielsweise mit Ihrem Mitarbeiter über seine fehlerhafte Arbeit sprechen. Und jetzt bitte ich Sie, freundlich lächelnd in den Spiegel zu schauen und dabei mit leiser und lieber Stimme folgenden Satz zu sagen: *„Ich bin mit Ihrer Leistung nicht einverstanden!“*

Was glauben Sie, wie diese Form der Aussage bei Ihrem Mitarbeiter ankommt? Wie hoch ist die Wahrscheinlichkeit, dass die Information bei ihm verankert ist und zu einer Verhaltensänderung führt?

Und jetzt schauen Sie anders in diesen Spiegel. Böser, konzentrierter Blick, Ihr Mund lächelt nicht und mit fester, dominanter Stimme wiederholen Sie den obigen Satz. Bitte tun Sie es jetzt.

Wie mag sich Ihr Mitarbeiter bei beiden Präsentationen fühlen? Nach welcher der beiden Übungen wird ein Gespräch stattfinden, das der Lage angepasst ist?

So verändern Sie Ihren Status:

1. Ihr Gesicht:
   Verkleinern Sie Ihre Augen, wirkt das fokussiert, konzentriert und stark. Das erhöht Ihren Status deutlich. Schauen wir uns die Augen von Schauspielern

an, wie beispielsweise von Bruce Willis oder Arnold Schwarzenegger, wird deutlich, weshalb dieser zornige Blick bei Autos auch *böser Blick* genannt wird. Stellen Sie sich vor, Sie fahren auf der Autobahn links, gemütlich mit 130 Stundenkilometern. Hinter Ihnen nähert sich ein Auto mit diesem typischen „Gesicht“ und bösem „Blick“. Ihr erster Impuls ist: „Ich muss hier weg!“ Ganz anders wäre es, wenn sich Ihnen in der gleichen Situation mit der gleichen Geschwindigkeit ein VW Beetle mit großen Kulleraugen nähert. Da kommt eher der Gedanke: „Och, ist der süß!“

Je größer Sie Ihre Augen machen, desto niedriger wirkt Ihr Status. Jeder kennt den Dackelblick eines Menschen, der jemand anderen um etwas bittet. Als erfolgreiches Instrument eignet sich dieser Blick allerdings nicht beim Vorstand. Dennoch gibt es zahlreiche Möglichkeiten, um für nur einen kurzen Augenblick einen kleinen Impuls zu setzen. Geringfügige Größenveränderungen wirken meist viel stärker als großes Theater.

Lassen Sie Ihre Augen mitsprechen und verändern Sie der Situation entsprechend Ihren Blick.

Nutzen Sie außerdem die Muskulatur Ihrer Stirn. Angespannte Stirnmuskeln wirken immer dominant. Entspannte Stirnmuskulatur sorgt indes nicht nur für ein freundlicheres Gesicht, sondern tut auch Ihrem Immunsystem gut. Je weniger Muskeln Sie belasten, umso besser für Ihre Regenerationsfähigkeit.

Das dritte Merkmal, mit dem Sie Ihren Status erhöhen können, ist der Mund. Schauen Sie sich Ihre Mundbewegungen einmal im Spiegel an. Mit Ihrem Mund können Sie eine Vielzahl von Stimmungen ausdrücken, von Freude bis hin zu Aggressivität. Verstärken Sie Ihre Aussage auch mit Ihrem Mund. Wie häufig zeigen Sie Ihren Mitarbeitern durch ein freundliches Lächeln, dass alles in Ordnung ist? Nutzen Sie die Gelegenheit

und schaffen Sie so ein angenehmeres Klima und informieren Sie über Ihr Gesicht, wenn Sie sich freuen!
Um Ihr Gesicht zu bewegen und eine gewünschte Stimmung auszudrücken, stehen Ihnen etwa 30 Muskeln zur Verfügung. Sie sollten Gebrauch von ihnen machen.

2. Körperhaltung:
Wie ist Ihre normale Körperhaltung vor einem Spiegel? Wie stehen Sie *normal*? In welcher Position befinden sich Ihre Schultern? Wo platzieren Sie während eines Gesprächs Ihre Hände?
Ihr Körper bietet Ihnen fast unbegrenzte Möglichkeiten, Ihren Status zu erhöhen oder zu senken. Grundsätzlich gilt, je mehr von Ihnen zu sehen ist, desto dominanter wirken Sie. Benötigen Sie beispielsweise in Verhandlungen einen höheren Status, machen Sie Ihren Rücken gerade und ziehen Sie die Schultern zurück, das Kinn eine Idee tiefer.
Sie werden feststellen, dass die Wirkung auf Ihren Gesprächspartner spürbar ist. Auffällig ist das Zusammenspiel zwischen Körperhaltung und Gesichtsmuskulatur. Verändern Sie den Status in einem Bereich, zieht der andere automatisch nach. Benötigen Sie eine Absenkung Ihres Status, verkleinern Sie Ihre Silhouette. Machen Sie sich körperlich kleiner, so gut es in Ihren anatomischen Möglichkeiten liegt. Es macht bereits einen großen Unterschied, ob Sie frontal im Oberstatus zu jemandem stehen oder etwas seitlich mit geringerer Präsenz.
Wenn Sie nur wenige körperliche Möglichkeiten nutzen können, weil Sie beispielsweise klein und zierlich gebaut sind, dann nutzen Sie die Spannweite Ihrer Arme. Eine typische Armhaltung bei Moderatoren ist das Zusammenführen der Hände vor dem Körper und das etwas breitere Herausstellen der Ellbogen. Kommt Ihnen

das zu gekünstelt vor, nehmen Sie etwas unter den Arm, um Ihren Raum um Sie herum zu vergrößern. Hierfür eignet sich in beruflichen Situationen ein Aktenordner unter dem Arm oder eine Aktentasche in der Hand. Vergrößern Sie Ihren Raum, wenn es um wichtige Verhandlungen geht und Ihr Verhandlungspartner größer und dominanter ist.

3. Farben, Kleidung und Accessoires:
Grundsätzlich können Sie sich merken, dass dunkle Farben Ihren Status erhöhen. Je heller, desto tiefer der Status. Einfarbiges hat höheren Status im Vergleich zu Buntem. Der höchste Status, den Männer im Kleiderschrank hängen haben, ist der Smoking. Ein pechschwarzer Anzug mit glänzendem Revers und ein schneeweißes Stehkragenhemd mit schwarzer Fliege. Der denkbar größte farbliche Kontrast vom Anzug zum Hemd verhilft zu einem imposanten Auftritt. Demzufolge ziehen Sie bei wichtigen Anlässen oder Verhandlungen eine ähnliche Kombination an. Dunkler Anzug, helles Oberteil. Möchten Sie Ihren Status mindern, wäre eine Kombination möglich, also Hose stofflich und farblich nicht aus dem gleichen Material wie das Sakko. Sie können auch mit Farben spielen. Ihnen, liebe Damen, brauche ich an dieser Stelle keine Tipps zu geben. Ich denke, das können Sie besser als ich. Unter uns Männern: Holen Sie sich Hilfe, wenn Sie noch nicht von einer Frau in die Geheimnisse der Kleiderordnung eingewiesen wurden.
Anfang der 1990er-Jahre begann ich Mentaltrainingsseminare für Privatleute zu geben. Ich war noch ein junger Mann und gänzlich unerfahren im Umgang mit Geschäftsleuten, als ich von einer Unternehmerin in München zu einem Mentaltrainingsseminar eingeladen wurde. Sie bestand darauf, dass ich ihr ein

Einzelseminar geben sollte. Sie befürchtete, dass sich die anderen Teilnehmerinnen und Teilnehmer eines offenen Seminars aufgrund ihres Bekanntheitsgrades nicht mehr so gut auf den Inhalt konzentrieren würden. So kam ich zu ihr in einer schönen Jeans, einem tollen farbenfrohen Hemd mit einer Krawatte, die eher an eine Wiese als an ein modisches Accessoire erinnerte, ich trug Collegeschuhe mit „Troddelchen" und ein Ledersakko. Bitte spotten Sie nicht, zu damaliger Zeit war das chic! Meine Kundin öffnete die Tür und sagte als Erstes: „Wie sehen Sie denn aus? Jetzt kommen Sie erst mal rein, sonst werden Sie womöglich noch von den Nachbarn gesehen!" Ich bekam zunächst eine zweistündige Einweisung in Kleiderordnung und wir entschärften durch Ausziehen des Sakkos und Abnehmen der Krawatte meinen Auftritt. Sie sehen also, in welche Falle man tapsen kann, wenn man unpassend gekleidet ist. In meinem Fall ging es glücklicherweise sehr positiv aus.

Einige Gos und No-Gos für Sie als Vorgesetzter:

- Als Vorgesetzter ist es nötig, immer ein wenig besser als Ihre Mitarbeiter gekleidet zu sein. Damit ist keine Übertreibung gemeint. Aber achten Sie künftig beim Einkauf auf etwas bessere Qualität. Nur deshalb werden Sie sich viele Argumente sparen können. Der Preis oder die Marke spielen hierbei keine Rolle.
- In Meetings, Sitzungen oder bei Vorträgen achten Sie auf den Hintergrund, vor dem Sie stehen. Wenn Sie die Möglichkeit haben, wählen Sie eine helle einfarbige Wand als Hintergrund, niemals vor großen Zimmerpflanzen referieren. Sie sind dann nicht mehr zu sehen. Auch bitte nicht vor einer Fensterfront. Ihre Zuhörer achten in diesem Fall stärker auf das, was hinter Ihnen passiert.

- Nur in absoluten Ausnahmefällen Ärmel hochkrempeln. Marscherleichterung nur gegen Ende von Weihnachtsfeiern oder ähnlichen Anlässen. Sie wollen ja Ihren Stand als Vorbild behalten, oder?
- Als Mann punkten Sie häufig, wenn Sie Hemden mit Manschettenknöpfen tragen. Es gibt nicht nur weiße, sondern auch eine Vielzahl an farbigen Hemden mit Umschlagmanschetten. Kleines Detail mit großer Wirkung.
- Bitte seien Sie vorsichtig mit aufdringlichen Düften, Schmuck oder Accessoires, wenn es nicht unbedingt zu Ihrer Branche passt. Seriosität und Aufdringlichkeit sind zweierlei Paar Schuhe.

4. Stimme:
Ihre Stimme bietet Ihnen ungeahnte Facetten, Ihren Status zu verändern. Je höher die Stimme, desto tiefer Ihr Status und umgekehrt. Damit haben Frauen in Führungspositionen häufiger ihre Schwierigkeiten. Wenn wir aufgeregt sind, verspannen sich unsere Muskeln. Das betrifft auch die Stimmbänder und ist der Grund, weshalb sich die Stimmlage von Frauen erhöht. Manche Damen hören sich dann etwas piepsig an. Merken diese Frauen, dass Ihr Status deshalb ins Bodenlose sinkt, erhöhen sie manchmal die Sprechgeschwindigkeit. In solchen Fällen ist es für ihre Zuhörer sehr schwer, nicht an ein populäres amerikanisches Nagetier aus Zeichentrickfilmen zu denken und dabei ernst zu bleiben. Der Auftritt ist dann höchst gefährdet. In solchen Fällen helfen – nicht nur den Frauen – gezielte Entspannungstechniken, die für Ihren Gesprächspartner nicht erkennbar sind. Zum Beispiel leises, tiefes Ein- und Ausatmen, aktives Muskelentspannen des Schultergürtels. Es ist immer gut, wenn Sie für diverse Anlässe solche Techniken lernen.

Achten Sie auf eine tiefere Stimmlage und verlangsamen Sie Ihr Sprechtempo. Somit erhöhen Sie Ihren Status. Mit Politikern trainiere ich, in unterschiedlichen Situationen ihren Status zu verändern und dabei ist das Instrument *Stimme* unverzichtbar. Ich finde es ausgesprochen wichtig für Führungsmenschen, sich mit dem Thema Stimme, Sprechen und Status auseinanderzusetzen. Der Erfolg ist signifikant.

5. Distanzverhalten:
Jeder kennt die Situationen, dass uns einige unserer Artgenossen nicht nur bei der Begrüßung auf die Pelle rücken. Die genormte Begrüßungsdistanz beträgt etwa 80 Zentimeter. Das entspricht dem Abstand, wenn sich zwei Personen die Hand geben. Die genormte Gesprächsdistanz beträgt ungefähr 120 Zentimeter. Wir gehen aufeinander zu, geben uns die Hand und treten einen halben Schritt zurück, um das Gespräch zu beginnen. Jede Veränderung dieser Normabstände wird bewusst wahrgenommen, sie fühlt sich irgendwie komisch an. Haben Sie zu Ihrem Gegenüber ein inniges Verhältnis, werden Sie Nähe zulassen. Wird von demjenigen der Abstand vergrößert, fragen Sie sich bestimmt nach dem Grund.
Eine Änderung dieser Gesetzmäßigkeit wird in manchen Lebenslagen wohlwollend akzeptiert. So erlauben Sie beispielsweise fremden Menschen den Zutritt in Ihren Privatbereich, sobald Sie in einer vollen U-Bahn stehen, in einer Warteschlange oder im Rockkonzert.
Interessanterweise können Sie mit unterschiedlichem Distanzverhalten Ihren Status zu einer anderen Person verändern. Nähe, die von Ihnen erzeugt wird, erhöht Ihren Status. Schaffen Sie eine höhere Distanz, senkt

das Ihren Status bezüglich dieser Person – Sie überlassen ihr den Raum.
Möchten Sie Mitarbeiter etwas bremsen, die sich zu stark präsentieren und mit Ihnen möglicherweise in Konkurrenz treten, suchen Sie Körperkontakt. Berühren Sie sie zufällig am Arm oder klopfen Sie ihnen auf die Schulter. Damit zeigen Sie nicht nur Präsenz, sondern demonstrieren Ihre Macht. Zeigen Sie subtil, wer der Boss ist, ohne die Stimmung zu vergiften. Andere beteiligte Mitarbeiter werden es gar nicht merken. Nur wenige Zentimeter genügen, um ein deutliches Zeichen zu setzen. Barack Obama begrüßte zu Beginn seiner ersten Amtsperiode jeden Gast mit seiner rechten *Grußhand*. Seine Linke ergriff den Unterarm seines *Gegners* und unterstrich damit seine Machtposition.
Wollen Sie jemanden zur Rede stellen und ohne Diskussion eine kraftvolle Aussage treffen, empfiehlt es sich, Ihren Gesprächspartner an einem Tisch Platz nehmen zu lassen. Sie kommen von der anderen Seite des Tisches und stützen sich so mit Ihren Händen auf den Tisch auf, dass Ihre Ellbogen leicht nach außen stehen. Dann beginnen Sie Ihre Standpauke mit gut artikulierten, langsamen Sätzen und tiefer Stimmlage. Ob Sie dabei lauter oder eher leiser werden als sonst, ist Geschmackssache. Ich nutze in diesen Momenten gerne leise Töne und lasse dann lieber mein Gesicht deutlicher werden. Manchmal erschrecken Menschen, die mich so erleben, weil sie es von mir nicht erwartet haben. Der Überraschungseffekt ist ein weiteres Ass in Ihrem Ärmel. Das heißt allerdings, es muss vorher trainiert worden sein.
Wollen Sie umgekehrt Ihren Status senken, gehen Sie etwas auf Abstand. Eingangs erwähnte ich, dass zu großer Statusunterschied zu Ihrem Gegenüber zu Rapportverlust führt. Bei Menschen, von denen Sie

wissen, dass sie Berührung als Körperverletzung verstehen, ist die Sachlage klar. Grundsätzlich würde ich im Geschäftsleben außer bei Begrüßung und Verabschiedung auf Körperkontakt verzichten. Es wirkt höflicher und wertschätzender. Und besonders als männliche Führungskraft sollten Sie Berührungen bei weiblichen Mitarbeitern vermeiden.
Auch hier gilt: Wenn Sie die Distanz vergrößern wollen, reichen Zentimeter, um das Ziel zu erreichen.

6. Speziell für weibliche Führungskräfte:
Sie, meine Damen, haben es grundsätzlich schwerer, Oberstatus zu Ihren männlichen Kollegen herzustellen. Es hat allgemeine anatomische Gründe. Meist sind Sie kleiner und zartgliedriger als Männer und haben eine deutlich höhere Stimmlage. All das, was Sie als Frau ausmacht, wirkt generell – aus der in diesem Modul angesprochenen Sichtweise – schwächer. Bei Ihnen ist es umso wichtiger, dass Sie auf Status-Hilfsmittel zurückgreifen. In Branchen, die eher als Männerdomänen gelten, ist ein höherer Status durch Ihre Kleidung möglich. Röcke oder Kleider senken Ihren Status, wenn Sie dabei sind, sich eine höhere Position im Unternehmen zu erarbeiten. Dunkle Hosenanzüge erhöhen Ihren Status.
Sie können auch mit größeren Armbewegungen Ihre Aussagen unterstützen. Punkten Sie mit korrekter, ausgefeilter Ausdrucksweise. Eine leise Stimme können Sie durch gute und gezielte Artikulation kompensieren. Beispielsweise indem Sie den letzten Buchstaben wichtiger Worte betonen. Sagen Sie zum Beispiel: „Das ist richtig, das stimmt!“, betonen Sie gerne das „t“ im Wort „stimmt“. Damit erzeugen Sie eine besondere Aufmerksamkeit.
Gehen Sie häufiger am Ende eines gesprochenen Satzes mit Ihrer Stimme nach unten, als wenn Sie einen Punkt

machen würden. Erhöhen Sie somit die Wirkung Ihrer Aussage.
Eine selbstständige Architektin hatte häufig Besprechungen mit großen und kräftigen Bauherren und Bauleitern. Sie hatte in ihrem Team immer Studentinnen oder Studenten als Praktikanten. Nach der Beratung nahm sie diese Person stets mit zu den Besprechungen. Sie hatte die Aufgabe, ständig schräg hinter ihr zu sein. Das hat mit großem Erfolg Ihre Präsenz erhöht.
Ferner ist es wichtig, dass Sie als Frau besonders darauf achten, dass Sie, wenn Sie in Meetings sitzen, wenn möglich, Ihren Stuhl höher stellen, um eine bessere Augenhöhe zu Ihren männlichen Kollegen zu bekommen. Demzufolge sind Besprechungen im Sitzen aufgrund der wegfallenden Größenunterschiede wirkungsvoller.
Auch hier sei der Hinweis auf das Buch von Marion Knaths „Spiele mit der Macht" erlaubt. Es liefert Ihnen viele Ideen und sinnvolle Verbesserungsmöglichkeiten.

Diese Maßnahmen reichen vorerst aus, um Ihr Verhaltenspotenzial zu erweitern. Ich habe Ihnen die Veränderungsmöglichkeiten aufgezeigt, die Sie am leichtesten umsetzen können und gleichzeitig den größten Effekt bieten.

Wir leben in einer Zeit, in der es beruflich akzeptiert wird, andere zu dominieren. Das ist es, was allgemein als erfolgreich gilt. Gleichzeitig umgeben wir uns gerne mit Menschen, die nicht dominieren und auch menschlich Fehler zeigen. Als Führungskraft sitzen Sie da zwischen zwei Stühlen. Einerseits wird von Ihnen Stärke und Dominanzverhalten erwartet, andererseits wollen Mitarbeiter einen Chef sehen, der nahbar und sympathisch ist. Wenn Sie mit diesen Techniken arbeiten und sie bei Ihnen in Fleisch und Blut übergegangen sind, werden sie intuitiv handeln und in den meisten Fällen Herr (oder Frau) der Lage sein.

Den Status eines anderen verändern

Es ist heiß in diesem Großraumbüro. Die Sonne scheint erbarmungslos durch die große Fensterfront direkt auf ihren Arbeitsplatz. Die Hotline-Mitarbeiterin eines Internetkonzerns sitzt zusammen mit ihren 38 Kolleginnen und Kollegen bei der Arbeit. Sie nimmt pro Tag weit über einhundert Gespräche entgegen. Der Großteil ihrer Anrufer ist zornig, weil das Produkt, das sie bei diesem Unternehmen erworben haben, nicht funktioniert. Viele Gesprächsteilnehmer fangen sogar an zu brüllen oder machen das Produkt oder diese Mitarbeiterin lächerlich. Im Telefontraining war ihr beigebracht worden, freundlich zu reagieren und Kunden ausreden zu lassen. Frei nach dem Motto: Hat sich der Kunde erst mal müde geredet, ist er offen für die Hilfe. Sie macht den Job bereits über ein Jahr und ist damit eine derjenigen, die am längsten im Team sind. Vor eineinhalb Monaten ist aus der Entwicklungsabteilung eine neue Software auf den Markt gekommen. Seitdem ist es besonders schlimm. Die Kunden lassen sich kaum beruhigen – jedenfalls nicht so, wie es von der Führung gefordert wurde. Am Ende dieses Arbeitstages geht sie ins Büro ihres Teamleiters, weint und sagt: „Ich komme ab morgen nicht mehr her. Ich kann nicht mehr!“ Danach hat sie das Unternehmen nie wieder betreten.

Es ist leider bittere Realität, dass die Fluktuation in Hotline-Firmen unterirdische Ausmaße angenommen hat. Der hohe psychische Druck, die oft schlechten Arbeitsbedingungen und der falsche Umgang mit dem Kunden scheinen hierfür ausschlaggebend zu sein. Einerseits ist der Kunde bereits genervt, weil er in der Warteschleife oft lange gewartet hat, bis er endlich überhaupt mit einem Menschen spricht, dem er sich mit seinem Problem anvertrauen kann. Andererseits braucht es eine andere Vorgehensweise im Umgang mit *König Kunde*.

Jemanden im Oberstatus zu lassen und zu hoffen,

er würde sich schon wieder beruhigen, grenzt aus meiner Sicht schlichtweg an Körperverletzung für beide. Wie würden Sie sich fühlen, wenn Sie maximal sauer sind und Ihr Gesprächspartner sagt mit leiser, ruhiger und langsamer Stimme: „Jetzt entspannen Sie sich erst mal. Tiiiieeef ein- und wieder ausatmen.“ Ich jedenfalls würde unangespitzt durch die Decke bis in den dritten Stock fahren.

Ich hätte einen ganz anderen Ansatz, jemanden mit ungehaltenem Gemütszustand in den sachorientierten Mittelstatus zu führen. Viele Leute, die sich über irgendetwas aufregen, wollen hauptsächlich wahrgenommen werden, um Hilfe zu bekommen. Wahrgenommen werden heißt, es muss ein echter menschlicher Kontakt hergestellt sein – Rapport. Erst wenn dieser Mensch das Gefühl hat, dass sein Problem gänzlich angenommen wurde, beruhigt er sich. Dieser bestimmte Kontakt entsteht wie beim Funkgerät über eine gleiche Ebene, die wir Status nennen. Um jemanden vom Oberstatus in den Mittelstatus zu begleiten, ist es nötig, selbst in den Oberstatus zu gehen – kontrolliert und bewusst. Hierbei reicht es nicht aus, sich auf die gleiche Ebene zu stellen. Das würde eher seinen Ehrgeiz wecken und es entstünde ein Konkurrenzkampf. Sie müssen kontrolliert etwas über seinen Oberstatus gehen. Sie erreichen es mit einer festen Stimme und einem überraschenden lauten „STOPP!“. Haben Sie den Vorteil und stehen ihm gegenüber, stehen Ihnen noch andere Kommunikationssignale zur Verfügung, die wir bereits angesprochen haben. Findet dieses Gespräch am Telefon statt, bleibt Ihnen nur die Stimme. Nachdem Sie „STOPP!“ gerufen haben, müssen Sie im selben Atemzug weiterreden und dabei stimmlich ruhiger und leiser werden, bis Sie im Mittelstatus angekommen sind. Ihr Gesprächspartner wird Ihnen folgen, wenn Sie die richtige Wortwahl finden. In dem Beispiel mit der Hotline wäre folgende Kommunikation denkbar:

„STOPP! Ihr Auftritt ist gerade sehr unpassend und

keinesfalls hilfreich. Wenn ich Ihnen helfen soll – und das mache ich gerne – ist es mir wichtig, dass wir uns auf einen anderen Umgang miteinander einigen. Jetzt möchte ich mir gerne Ihren Fall einmal ansehen. Bitte geben Sie mir Ihre Kundennummer."

Diese Ansprache muss unbedingt geübt werden. Sie muss fehlerfrei rüberkommen. Dabei wechseln Sie von einer dominanten, lauten Oberstatus-Stimme in eine sachliche, normale Lautstärke, und das alles, ohne dabei eine Pause zu machen. Ihr Gesprächspartner versucht sonst, Ihre Ansage zu unterbrechen. Ohne Pause wird er Ihnen zuhören und sein logisches, analytisches Denken schaltet sich langsam wieder ein. Er folgt Ihnen automatisch in den Mittelstatus – garantiert. Mit einer Aufforderung verbunden, wie die Suche nach der Kundennummer, benutzt der Kunde seinen rationalen Verstand und bleibt im Mittelstatus. Helfen Sie Kunden und Mitarbeitern aus der gefährlichen Herzinfarktgefährdung heraus und Sie gewinnen so Aufmerksamkeit und Akzeptanz.

Eine Auftraggeberin rief mich vor ein paar Jahren an und wollte mich zur Rede stellen. Sie hätte gehört, dass ich einen groben Fehler begangen haben sollte. Sie war deutlich ungehalten und entrüstet. Den ersten Satz hatte sie bei mir durchgekriegt. Dabei hatte ich ihren Status geprüft. Noch während ihres zweiten Satzes stoppte ich sie wie beschrieben und führte sie mit ein paar ähnlichen Sätzen in den Mittelstatus. Plötzlich war sie freundlich und offen. Wir konnten die Sache bereinigen. Hätte ich sie nicht gleich in dieser Form gebremst, sondern versucht, mich aus einem tieferen Status heraus zu rechtfertigen, hätte ich mich selbst geschwächt und wäre unglaubwürdig gewesen. Ich würde wahrscheinlich heute keine Aufträge mehr von ihr erhalten. (Betrachten Sie Abbildung 5, in der dieser Sachverhalt bildlich dargestellt ist.)

Genau dasselbe Prinzip ist anzuwenden, wenn sich jemand in einem Jammertal befindet. Der braucht dann kei-

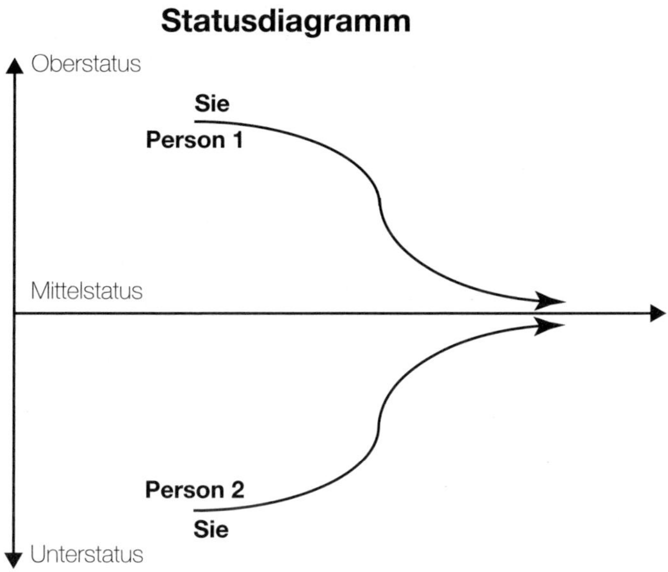

Abbildung 5: Statusdiagramm

nen, der seine psychologische Heimwerkermütze aufsetzt und mit klugen Sprüchen oder gar Trainingsmaßnahmen aufwartet. „Also das ist ja gar nicht so schlimm, mein Lieber. Ich an deiner Stelle würde jetzt Folgendes tun …" So jemandem hört man in einer schwierigen Situation nicht einmal zu. Es ist wieder wichtig, nicht in denselben Unterstatus zu gehen, sondern tiefer. Körpersprachlich, mit Mimik und Gestik betont: „Das ist ja fürchterlich, was Sie da durchgemacht haben! Ich weiß gar nicht, was ich da sagen soll …" Ja, das funktioniert und das muss man üben!

Jetzt wissen Sie, wie bedeutsam es für eine Führungskraft ist, das Spektrum zu erweitern. Haben Sie es geschafft, den Unterstatus Ihres Gegenübers zu toppen, also etwas unter seinen Verhaltensstatus zu gehen und Betroffenheit zu signalisieren, nimmt die Person genau das wahr und fühlt sich nicht nur verstanden, sondern auch verbunden und ist bereit, ihren Tiefstatus zu verlassen.

Die 1-Minute-Übung für zwischendurch

Manchen Leserinnen und Lesern mag dieses Prinzip in der Umsetzung leichtfallen, weil Sie Erfahrung damit haben, sich zu präsentieren und vor der Gruppe zu stehen. Vielleicht haben Sie schon ein Rhetorik-Seminar besucht und vor der Kamera gestanden. Mit dieser Erfahrung haben Sie bereits einige Widerstände durchbrochen. Andere Leser wissen jetzt gar nicht, wie sie anfangen sollten, zu üben. Genau für Sie habe ich mir eine kleine tägliche Übung einfallen lassen. Bitte nur eine Minute pro Tag üben! Überlegen Sie, wann Sie sich täglich eine Minute Zeit nehmen könnten und stellen Sie sich eine tägliche Erinnerungszeit in Ihrem Smartphone ein. Egal, wo Sie dann gerade sind, ob allein oder unter Menschen. In dieser Situation verändern Sie Ihren Status geringfügig – bitte nur minimal! Ihr Smartphone erinnert Sie gerade, während Sie in einer Verhandlung sind und etwas präsentieren. Jetzt könnten Sie beispielsweise etwas größere Bewegungen machen, etwas mehr lächeln, etwas deutlicher artikulieren oder Ähnliches. Das erhöht den Effekt, weil Sie sich für kleine Veränderungen stärker kontrollieren müssen. Große Statusänderungen gehen einfach und schlagartig: Lächeln/nicht lächeln. Böser Blick/freundlicher Blick. Das geht einfach. Aber wenn Sie nur unwesentliche Änderungen in Ihrem Gesicht oder Ihrer Körperhaltung vornehmen, für Anwesende kaum merklich, steigern Sie Ihr Verhaltensspektrum erheblich.

Beschäftigen Sie sich einmal mit den umseitig vorgestellten Techniken in Abbildung 6.

Körpersprache	Status erhöhen	Status senken
Gesicht, Stirn, Mund	böser Blick	freundlicher Blick
Körperhaltung	frontal stehen	leicht verkleinern
Raum verändern	Armhaltung, Aktenordner etc.	
Farben	dunkel	hell, bunt
Kleidung	Anzug, Kostüm	Kombination, Private Kleidung
Accessoires	mehr Schmuck, auffälliger	weniger Schmuck, dezenter
Stimme	lauter, langsamer, tiefer	leiser, schneller, höher
Distanz	Nähe, Berührungen	Distanz, Kontakt vermeiden

Abbildung 6: Statusveränderung

Ein Wort zu den Generationen Babyboomer, X, Y und Z

Mittlerweile bekomme ich häufiger Anfragen, ob ich mich mit den Unterschieden der verschiedenen Generationen auskenne. Hierzu gebe ich Ihnen einen knappen Überblick, was damit gemeint ist. Die genannten Geburtszahlen variieren je nach Quelle. Deshalb gebe ich hier nur eine grobe Richtung vor, die keine exakte Einteilung sein soll.

- Generation Babyboomer (geb. etwa 1940–1965)
  Es sind die geburtenstarken Jahrgänge, die in großen Schulklassen aufwuchsen und einerseits für das Wirtschaftswunder nach dem Zweiten Weltkrieg gesorgt und andererseits den Begriff Workaholic geprägt haben.

- Generation X (geb. etwa 1960–1980)
  Diese Generation steht für berufliches Weiterkommen. Laut verschiedenster Untersuchungen sind diese Menschen auf materielle Absicherung ausgerichtet. Hierzu gehören auch eine gute Berufsausbildung und wirtschaftlicher Erfolg, um persönliche Ziele zu erreichen. Sie werden als individualistisch und ehrgeizig bezeichnet.
- Generation Y (geb. etwa 1980–2000)
  Auch Millenials genannt. Ihnen ist der Sinn ihrer beruflichen Tätigkeit sehr wichtig. Selbstverwirklichung steht an oberster Stelle. Dabei ist ihnen die Zusammenarbeit mit anderen nicht egal. Sie gehen also nicht über Leichen, um persönliche Ziele zu erreichen.
- Generation Z (geb. etwa ab 2000)
  Diese Generation wird sich weniger mit der Sinnsuche beschäftigen, als mehr das Ziel haben, sich darzustellen und eine Führungsaufgabe wahrnehmen zu wollen. Bei diesem Wunsch nach Außenwirkung ist ihr trotzdem das Netzwerken wichtig.

Einige verunsicherte Kunden, die Bedarf an Umgangsmöglichkeiten mit unterschiedlichen Generationen hatten, konnte ich mit dem Statustraining beruhigen. In diesen Trainings wurde geübt, das Verhalten in den verschiedenen Situationen klarer und deutlicher hervorzuheben, ohne dass es übertrieben wirkt. Es kann hilfreich sein, die Unterschiede der Leitmotive zu kennen. Und dennoch bleiben es ganz normale Menschen, die in unterschiedlichster Weise behandelt und geführt werden wollen.

Wenn Sie sich mit diesem System beschäftigen, ist es egal, welcher Generation der vor Ihnen stehende Mitarbeiter entstammt. Sie prüfen seinen momentanen Status, seinen Rang und reagieren dann darauf. Ist er also Ihr Vorgesetzter, wissen Sie, dass Sie niemals mit Ihrem Statusverhalten über ihn drüber dürfen und dass er aber auch nicht das Recht hat, Ihnen gegenüber unfair, ungerecht oder gar unverschämt zu sein. Dann haben Sie mit Ihrem Oberstatusverhalten ein hilfreiches Werkzeug, die Situation zu entspannen.

Haben Sie es mit einem jungen Y-Generation-Mitarbeiter zu tun, der hierarchisch unter Ihnen rangiert und ein ganz anderes Wertesystem empfindet als Sie, hat er dennoch nicht das Recht, sich über Ihrem Status zu verhalten. Sie unterstützen Ihre Argumente mit Ihrem Verhalten und deutlicherer Körpersprache und kommen ganz anders durch. Bei der Begrüßung dieses Mitarbeiters halten Sie zum Beispiel seine Hand Bruchteile einer Sekunde länger fest als sonst oder halten seinen Unterarm wie Barack Obama. Damit bewirken Sie eine Verdeutlichung Ihres Führungsanspruches. Dem Mitarbeiter fällt es zwar auf, er hat aber aufgrund der weiteren Situation keine Zeit, darüber nachzudenken, was da passiert ist und reagiert nun deutlich aufmerksamer auf Sie. Das ist der unbewusste Effekt.

Die Arbeit muss getan und die Ziele des Unternehmens müssen erreicht werden. Wer damit nicht einverstanden ist, kann sich einen anderen Wirkungskreis suchen, der mehr seinen Werten entspricht. Das meine ich in keiner Weise überheblich. Nach Konfliktmoderationen in einigen Firmen kommt es immer mehr aufgrund meiner Anregung dazu, dass die Geschäftsleitung solchen Mitarbeitern Hilfestellung gibt, um ihnen einen reibungslosen Übergang in ein anderes Beschäftigungsverhältnis zu ermöglichen. Das kann passiv erfolgen, indem eine Absprache getroffen wird, diesen Mitarbeiter in Ruhe seine Arbeit verrichten zu lassen, bis er eine neue Stelle gefunden hat. Andererseits kann auch aktiv nach Weiterbeschäftigung gesucht werden, wenn beispielsweise der Geschäftsführer seine Kontakte spielen lässt. Ziel ist es, den Druck aus dem Team zu nehmen und saubere Lösungen zu erarbeiten, damit die Unternehmensziele durch die aufgebrachten Emotionen nicht gefährdet sind.

Berichten Sie mir gerne Ihre Erfahrungen mit dieser genialen Methode.

Weil Sie dieses Modul gelesen haben, werden Ihnen jetzt öfter die Statusverhalten Ihrer Mitarbeiter auffallen und Sie können ab sofort anders reagieren. Sie werden es sehen.

Modul 3: Face-Reading – die Königsdisziplin der Menschenkenntnis

Die Personalchefin einer größeren regionalen Bank benötigte dringend eine gute Fachkraft für einen heiß umkämpften Fachbereich. Gute Leute waren nur schwer zu finden. Andere Banken hatten ebenfalls in diesem Segment freie Stellen und ihr Gehaltsangebot für Bewerber war nur durchschnittlich. Es meldeten sich trotzdem einige und sie entschied sich, drei von ihnen zu einem Gespräch einzuladen. Besonders einer entsprach perfekt ihren Vorstellungen. Gleich bei der Begrüßung erkannte sie in seinem Gesicht Merkmale, die darauf hinwiesen, dass dieser Kandidat ein sogenannter Schnell-Entscheider war. Sie nutzte diese Information im Gespräch, nachdem sie sicher war, dass sie sich eine Zusammenarbeit mit ihm sehr gut vorstellen konnte und bat ihn, sich noch am selben Tag zu entscheiden. Er willigte ein.

Die Personalchefin wusste von mir, dass Schnellentschlossene einem inneren Impuls folgen wollen, Entscheidungen schnell zu treffen, um wieder freie Bahn für neue Ideen und Impulse zu haben. Stellen Sie sich vor, was passiert wäre, wenn die Personalchefin diese Merkmale in seinem Gesicht nicht hätte deuten können und ihm eine Bedenkzeit eingeräumt hätte? Wahrscheinlich hätte sie diesen Schnell-Entscheider verloren. Denn solche Menschen werden durch zu langes Überlegen bei der Entscheidungsfindung verunsichert. Sie rief mich später an und erzählte mir begeistert von ihrer Erfahrung mit dieser ungewöhnlichen Methode, die sie bei mir gelernt hatte. Welchen Wettbewerbsvorteil Führungskräfte haben, wenn sie in den Gesichtern von Menschen lesen können, zeigt dieses Beispiel deutlich.

Auf den folgenden Seiten beschäftigen wir uns mit der Königsdisziplin der Menschenkenntnis. Sie erfahren, wie Sie aus Gesichtern bestimmte Merkmale erkennen, deuten und einschätzen können. Auf was Sie bei Bewerbern achten müssen und wie Sie Ihre Mitarbeiter besser motivieren und ihre Kompetenzstufe erhöhen können. Wir werden uns mit vier Grundtypen beschäftigen und wie Sie im Arbeitsalltag mit dieser genialen Technik arbeiten werden.

Was uns die Psycho-Physiognomie liefert

Wie wäre es, wenn Sie Ihren Mitarbeiterinnen und Mitarbeitern auf den ersten Blick bis in die Seele schauen könnten? Wenn Sie deren innerste Bedürfnisse nach Anerkennung und Wertschätzung auf Anhieb erkennen und ihnen auf einfachste Weise ein Gefühl der Wertschätzung vermitteln könnten?

Face-Reading oder Psycho-Physiognomie ist das Erkennen von Urinstinkten der Menschen. Die intrinsische (absolute innere) Motivation, der Hauptantriebsmotor eines Menschen ist also im Gesicht abzulesen. Diesem inneren roten Faden will er ständig folgen – ob gewünscht oder nicht. So gibt es beispielsweise Menschen, die gerne reden und es von ihren Erziehungsberechtigten regelrecht abtrainiert bekommen haben. Einige brauchen unbedingt eine Bühne, um sich zu präsentieren, sind aber in einer sehr niedrigen Position im Team und haben nichts zu melden. Manche Menschen reagieren auf eine Sache, indem sie zuerst lange über ihre folgende Reaktion nachdenken, andere handeln erst, bevor sie anfangen zu denken. Zu inneren Konflikten kommt es nur, wenn innerste Bedürfnisse von außen abgelehnt oder sogar für schlecht befunden werden.

Jeder von uns hat von Geburt an diese intrinsischen Potenziale und individuellen Verhaltensmuster: rationales oder kreatives Denken, vorsichtiges oder mutiges Handeln, zurückhaltendes oder souveränes Auftreten, detailorientiertes oder effizientes Kommunizieren und vieles mehr. All das sind angeborene Potenziale, die wir in unserem Leben nutzen könnten, um unser Leben erfolgreich zu gestalten.

Leider wird uns im Zuge unserer Erziehung einiges von unserem mitgebrachten Potenzial abtrainiert. Das ist den Erziehungsberechtigten in den wenigsten Fällen bewusst. Sie haben ja selbst dieses Trauma erlitten. Alle machen nach, was ihnen vorgemacht wurde. In dem Glauben, dass unsere eigene Erziehung korrekt abgelaufen ist, erziehen wir unsere Kinder. Nur ganz weniges ändern wir bewusst und machen es anders als unsere Eltern. So wird heute kaum jemand mehr im Auto rauchen, wenn seine Kinder dabei sind. Durch Erziehung werden wir einer bestimmten Norm angepasst. Wenn ein Kind geschickte Hände hat und ein perfektes musikalisches Gehör, würde dieses Kind als Erwachsener in einem Büro mit vielen Akten den optimalen Berufserfolg verspüren? Was meinen Sie?

Nehmen wir an, dass jemand mit der Fähigkeit geboren wurde, gerne und viel zu reden, aber in einem Haushalt aufwächst, wo viel zu reden nicht erwünscht ist. Der Wunsch, intensiv zu kommunizieren, ist tief abgespeichert, wird allerdings durch die Erziehungsberechtigten durch Äußerungen wie „Wenn Erwachsene sich unterhalten, hast du den Mund zu halten!“ systematisch abtrainiert. Viel zu reden wird vielleicht sogar als etwas Schlechtes dargestellt. Dieser Mensch hat irgendwann ein schlechtes Gewissen, wenn er seinem inneren Wunsch sich mitzuteilen nachkommt. Er würde gerne und könnte es auch, aber er darf nicht. Stellen Sie sich weiter vor, es wäre einer Ihrer Mitarbeiter, den Sie um seine Meinung in einer Sache bitten. In diesem Augenblick würden Sie seinen Urinstinkt wecken und er würde Ihnen mit leuchtenden Augen seine Meinung kundtun. Sie hätten ihm gleichzeitig das Gefühl vermittelt, dass es okay ist, wenn er ist, wie er ist – seinem Potenzial entsprechend. Diesen Menschen hätten Sie für sich gewonnen.

Wenn Sie mehr von den versteckten Potenzialen Ihrer Mitarbeiter wissen, können Sie gezielt vorgehen und riesige Ressourcen in Ihrem Team nutzbar machen. Ihre Mitarbeiter können sich freier entfalten und effektiver sein. Burnout würde der Vergangenheit angehören, wenn Menschen nicht mit angezogener Handbremse fahren müssten oder sogar auf der falschen Spur fahren würden.

Es gibt ca. 2.000 bis 2.500 Merkmale, wie beispielsweise Kopfform, Größenunterschiede der Gesichtsorgane und dergleichen, wovon der größte Teil Reaktionen des Stoffwechsels und Hormonhaushalts markiert. Daraus lassen sich Dysfunktionen oder gar Krankheiten erkennen: Veränderungen der Hautfarbe, sichtbare Äderchen, Veränderungen der Hautbeschaffenheit etc. Nur circa 300 bis 400 von diesen leicht zu erlernenden Merkmalen geben Aufschluss über eine individuelle und exakte Typisierung. Der Begriff Physiognomie leitet sich von den griechischen Begriffen physis (natürliche Körperbeschaffenheit) und gnomis (zur Beurteilung fähig) ab. Im 5. Jahrhundert v. Chr. wurde bereits im Ayurveda und in der traditionellen chinesischen Medizin auf die Erkenntnisse der Physiognomie zurückgegriffen. Zur Vereinfachung benutze ich den Begriff *Face-Reading*.

Ich habe in den letzten 20 Jahren Tausende Typisierungen meiner Mitmenschen, Kunden, Seminarteilnehmerinnen und Klienten vorgenommen. In diesem Kapitel habe ich die wichtigsten Zeichen für Sie destilliert, damit Sie in kürzester Zeit mit dieser erfolgreichen Methode arbeiten können.

Wenige Merkmale helfen Ihnen, zu erfahren, wie Ihr Gegenüber denkt, welche Art von Informationen für ihn wichtig und welche unwichtig ist, wie Ihr Gesprächspartner reagieren wird und wie Sie Ihre Gesprächsführung auf genau diesen Menschen einstellen können.

Weshalb Körpersprache ungenau ist

Ein Steuerberater in Schleswig-Holstein fragte mich nach einem Mentaltrainingsseminar, ob ich bei seinen Bewerbungsgesprächen dabei sein könnte. Er wollte wieder einen Auszubildenden einstellen. In Fachzeitschriften und der Tagespresse hatte er bereits annonciert und die Bewerbungsunterlagen trudelten nach und nach ein. Er hatte ein bestimmtes Ziel vor Augen und wollte eine passende Fachkraft ausbilden.

Da es mir zeitlich nicht möglich war, die 900 Kilometer von Garmisch nach Rendsburg zu fahren, um bei den Bewerbungsgesprächen anwesend zu sein, bat ich ihn, mir zehn Bewerbungsbilder per E-Mail ohne Namen oder Detailangaben zu schicken. Seine Vorauswahl traf er anhand der Zeugnisse und seines Bauchgefühls. Frauen und Männer unterschiedlichen Alters, ganz verschiedene Typen. Da ich aus Gesprächen ungefähr wusste, was er für Anforderungen an diese Person stellte, traf ich meine Entscheidung anhand von psychophysiognomischen Merkmalen. Der junge Mann, den ich ihm schließlich empfohlen hatte, brachte genau die Rationalität, die Kreativität und das Gespür für Menschen gepaart mit einem gewissen Durchhaltevermögen mit, die gewünscht waren. Der Steuerberater reagierte empört über meine Empfehlung, hatte er diesen jungen Mann doch als Letzten auf dem Schirm gehabt. Nur weil ich ihn gebeten hatte, mir zehn Bilder zu schicken, hatte er dieses Bild noch beigelegt! Ich empfahl ihm, im Bewerbungsgespräch diesem jungen Mann ein paar Kontrollfragen zu stellen, die auf sein Wesen und die zu besetzende Ausbildungsstelle zugeschnitten waren und sich daraufhin eine Meinung zu bilden. Nach den Bewerbungsgesprächen rief er mich an und war hin- und hergerissen, ob er diesen jungen Mann wirklich einstellen sollte oder nicht. Dennoch war ich überzeugt und riet meinem Kunden, ihn zu nehmen. Nach nur ein paar Wochen war der Steuerberater mit seinem neuen Azubi sehr zufrieden und bald sogar begeistert. Heute ist der Azubi von damals ebenfalls Steuerberater und als Partner im Team – und nun natürlich *mein* Berater in allen Steuerfragen.

Ob Sie diese effektive Methode für Einstellungsgespräche, das Führen Ihrer Mitarbeiter, für Verhandlungsgespräche mit Kunden oder Ihrem Betriebsrat verwenden – alles, was Sie dafür wissen müssen, wird hier in diesem Kapitel Schritt für Schritt erklärt und mit einfachen Beispielen deutlich gemacht.

Bitte beantworten Sie sich zunächst eine wesentliche Frage:

Wenn Sie die nachfolgende Technik perfekt anwenden könnten, welche Auswirkung hätte das für Sie als Führungskraft auf Ihren Arbeitsalltag und Ihr Team?

Machen Sie sich bewusst, dass Mimik und Gestik trainierbar sind – genauso wie Körpersprache und Kommunikation. Was ist also, wenn sich jemand bei Ihnen bewirbt, der sich perfekt vorbereitet hat und alle möglichen Fragen in einem Bewerbungsgespräch oder Assessment-Center bereits kennt? Wie sicher können Sie sein, ob dieser Bewerber wirklich Ihren Anforderungen gerecht wird? Wie viel Zeit, Geld und Nerven könnten Sie sparen, wenn Sie ein paar Merkmale im Gesicht identifizieren könnten, um zu einem verlässlichen Urteil zu gelangen? Und diese Merkmale lassen sich nicht wegtrainieren. Sie sind seit der Geburt da und lassen sich nur operativ verändern.

Face-Reading gibt es bereits seit vielen Jahrtausenden. Anhand von Stirn, Nase und Mundpartie traf der Mathematiker Pythagoras bereits vor 2500 Jahren Entscheidungen darüber, wer seinen Unterricht besuchen durfte und erfolgreich und zufrieden mit der Mathematik werden würde, und wer nicht. Wir wissen heute, dass Goethe ebenfalls ein großer Anhänger der Physiognomie war.

Luftschlösser zu bauen ist leicht, diese wieder abzubauen kann aber aufwendig sein. Diese Aussage nach François Mauriac unterstreicht im Zusammenhang mit dem nächsten Beispiel sehr gut, was es für ein Unternehmen bedeuten kann, die falschen Leute einzustellen.

Ein Unternehmen stellte einen Direktor anhand von Zeugnissen und nach einem Bewerbungsgespräch ein. Diesen Fehler büßte die Firma mit zahlreichen Anwaltsschreiben und arbeitsrechtlichen Maßnahmen. Denn seine fachliche Kompetenz belegte er durch seine Zeugnisse. Hingegen waren seine Führungsqualitäten vorgetäuscht. Sehr viel Geld musste für Anwälte, Gerichtsverhandlungen und Vergleichszahlungen ausgegeben werden, um den Mann wieder loszuwerden. Geld, das wesentlich sinnvoller hätte investiert werden können. Nachdem ich mit dem Vorstand gesprochen hatte und bei den nächsten Bewerbungsgesprächen dabei war, wurde ein neuer Manager in diesen Posten berufen, den Vorstand und Personalleitung *nicht* ausgewählt hätten. Nach meiner Argumentation entschlossen sie sich, mit diesem Kandidaten einen Versuch zu starten. Mit Argusaugen beobachteten sie jeden seiner Schritte und alle Entscheidungen. Nach einem halben Jahr rief mich der Vorstandsvorsitzende persönlich an und bedankte sich für meine Entscheidungshilfe.

Offensichtlich schaue ich anders hin als andere – vielleicht fallen mir auch nur ein paar mehr Details auf. Und das können Sie auch!

Was passiert, wenn sich unsere Wahrnehmung ändert?

Manche Dinge nehmen wir erst wahr, wenn wir Abstand von ihnen genommen haben. Geht es Ihnen nicht auch so, dass Ihnen erst hinterher einfällt, weshalb Ihnen jemand sympathisch war oder nicht?

Schauen Sie sich bitte einmal das Bild von Abbildung 8 an. Was sehen Sie?

Konzentrieren Sie sich auf die weißen Flächen, sehen Sie ein junges, männliches Gesicht. Oder sie sehen in den Schwarzflächen einen karikierten Saxophonspieler.

Solche sogenannten Vexierbilder kennen wir zur Genüge. Was passiert, wenn Sie einmal beide Aspekte eines doppeldeutigen Bildes erkannt haben? Bitte schauen Sie sich dieses Bild gleich noch einmal an. Ab jetzt sind Sie nicht mehr in der Lage, einen Aspekt für zehn Sekunden aufrechtzuerhalten. Ständig wechselt Ihre Wahrnehmung zwischen beiden Bildern hin und her. Genauso geht es Ihnen, wenn Sie ein paar dieser Face-Reading-Merkmale kennengelernt haben. Sie sehen Menschen plötzlich mit anderen Augen. Was würden Sie sagen, wenn Sie nur für *Ihre* Bedürfnisse als Führungskraft, Vertriebsmitarbeiter, Verhandlungsführer ein paar wichtige Details Ihres Gegenübers einschätzen könnten?

Abbildung 8: Vexierbild

Wie leicht könnte Ihr Kunde Ihnen folgen, wenn Sie wüssten, dass er für eine Entscheidung eher eine bildhafte Beschreibung benötigt als langweilige Fakten, die ihn abstoßen? Wie viel Zeit könnten Sie dadurch sparen? Wie gerne würden Ihnen als Führungskraft Ihre Mitarbeiterinnen und Mitarbeiter folgen, wenn Sie jedem entsprechend seiner angeborenen Potenziale gegenübertreten würden? „Alle Menschen gleich zu behandeln hat nichts mit Gerechtigkeit zu tun, sondern mit Gleichmacherei", hat meine Mentorin Vera F. Birkenbihl einmal gesagt.

Auf den kommenden Seiten erfahren Sie einige prägnante Merkmale, die Sie leicht in Gesichtern wahrnehmen können. Ich habe mich auf Details konzentriert, die Sie als Personalchef bei Einstellungen, als Verkäufer bei Kunden und als Führungskraft bei Ihren Mitarbeitern benötigen. Wegen der Vielzahl der möglichen Zeichen beschränken wir uns in diesem Kapitel auf die wesentlichsten – bedenken Sie, dass uns circa 300 bis 400 Merkmale für eine genaue Typisierung zur Verfügung stehen. Allein die Haut zu beurteilen, ob dünn, dick, fett, spröde oder die vielen unterschiedlichen Untergrundfarben, würde Sie verwirren. Auf Faltenbildung, ob im Stirnbereich, auf den Wangen oder um den Mund herum, gehe ich nur wenig ein. Einerseits wird durch Botox, dem stärksten Nervengift, das die Menschheit kennt, auf leichte Weise eine Menge Einfluss auf das Aussehen genommen. Andererseits reichen für eine Schnellanalyse unsere im Folgenden erklärten Merkmale aus. Mein Anspruch ist, dass Sie in kürzester Zeit Menschen anders wahrnehmen und besser einschätzen können. An dieser Stelle sei darauf hingewiesen, dass es sich hier um die wissenschaftlich dokumentierte Lehre nach Carl Huter handelt und um den riesigen Erfahrungsschatz der Wahrnehmung großer Meister, angefangen von Sokrates und Pythagoras über Goethe, der ein großer Anhänger dieses Wissens war, bis hin zu Winkelmann, della Porta, Le Brun und Camper. Leider beschäftigt sich die neue Wissenschaft nicht mit diesem Thema, sodass es immer noch eine Nische ist, die zu wenig Beachtung findet.

Und wenn Sie mehr über diese fantastische Methode wissen wollen, schauen Sie gerne auf meine Website unter *www.winfried-schroeter.de.*

Los geht's!

Grundsätzlich können wir festhalten, dass die Größe eines Sinnesorgans Aufschluss darüber gibt, wie wichtig dessen Gebrauch seinem Besitzer ist. Eine große Stirn zeigt uns die Art seiner Gedanken, ein großer Mund wird uns verraten, dass der Mensch gerne redet und extrovertiert ist, große Augen sind ein Zeichen für erhöhte visuelle Aufmerksamkeit, große Ohren hören gerne zu und eine große Nase nimmt vieles Olfaktorische intensiver wahr als eine kleine Nase. Organen und Körperteilen, die größer angelegt sind als andere, sagt man eine spezielle Bedeutung zu. So können Sie sich vorstellen, dass große kräftige Hände wesentlich besser zupacken können, als zartgliedrige mit einem kleineren Muskelapparat. Man sagt ja auch, dass eine hohe Stirn eine „Denkerstirn" darstellt. Dies ist eine grobe und stark vereinfachte Einteilung. Und jeder Bereich zeigt ganz spezifische Hinweise zum Verhalten. Die beschriebenen Details sollen einen groben Eindruck liefern, wie Sie als Führungskraft mit Face-Reading Ihren Arbeitsalltag vereinfachen können. Vielleicht macht dieses Kapitel auch Appetit auf mehr ...

Zur Erleichterung Ihres Studiums haben Sie die Möglichkeit, nach jeder Beschreibung ein paar Personen zu notieren, die Sie kennen und die Ihnen gerade einfallen. Das vereinfacht Ihnen später die Zuordnung der einzelnen Merkmale. Unterschätzen Sie die Möglichkeit nicht, sofort zu notieren, wenn Ihnen jemand einfällt. Auf später verschieben rächt sich in der Regel. Gehen Sie deshalb bei Interesse an dem Thema gleich gehirn-gerecht vor.

Die Dreiteilung des Gesichts:

Zuerst teilen wir ein Gesicht in drei horizontale Ebenen: Stirnbereich, Nasenbereich und Mundpartie (siehe Abb. 9).

Der Stirnbereich:

Er beginnt am Haaransatz und geht bis zur Nasenwurzel – das ist in unserem Bild die Vertiefung etwas unterhalb der Augenbraue, wo die Nase beginnt. Dieser Bereich steht für Vernunft und Logik. Menschen wie unsere Bundeskanzlerin Angela Merkel, bei denen dieser Bereich höhenmäßig den größten Raum im Gesicht einnimmt, denken viel nach, sind offen für logische Zusammenhänge und benötigen zur Entscheidungsfindung Zahlen, Daten und Fakten. Es ist ihnen wichtig, wissenschaftliche Begründungen zu erhalten. Sie erfragen viele Details und wirken auf manche kritisch. Diesen logischen Wissensdurst können Sie mit passenden logischen Begründungen oder schlüssiger rationaler Argumentation stillen. Sätze wie „Das ist eben so" sind ihnen verhasst und führen zu Protest. Probieren Sie es aus.

Der Nasenbereich:

Dieses Areal zeigt den Willen und die Art zur Selbstverwirklichung. Ist der mittlere Bereich des Gesichts dominie-

Die Dreiteilung des Gesichts

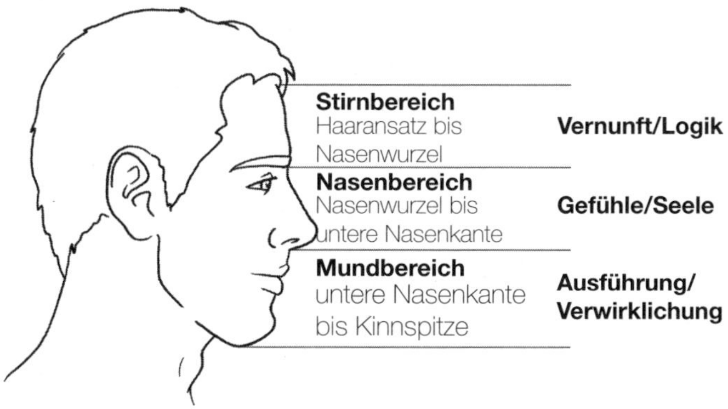

Abbildung 9: Dreiteilung des Gesichts von der Seite

rend, sind seinem Besitzer eher Gefühle und soziale Aspekte wichtig. Der Nasenbereich geht von der Nasenwurzel zwischen den Augen bis unter die Nase. Nehmen Sie einmal Ihren Fingernagel und spüren Sie, bis wohin der Knorpel unterhalb Ihrer Nase geht. Menschen mit einer ausgeprägten langen Nase wie bei Mike Krüger beispielsweise sind sehr empfindsam. Um sie von einer Sache zu überzeugen, sie zu motivieren oder ihnen etwas zu erklären, bedienen Sie sich besser Geschichten, in denen Menschen vorkommen und soziale Vorteile z.B. ihres Teams beschrieben werden. Sie können sicher sein, dass Sie verstanden werden und Ihre Worte auf fruchtbarem Boden landen.

Der Mundbereich:

Er steht für Ausführung und Verwirklichung. Diesen Bereich misst man vom Knorpelende der Nase, den Sie gerade gefühlt haben, bis zur Kinnspitze. Ist dieser Bereich stark ausgeprägt wie bei der Schauspielerin Julia Roberts, ist der erste und typische Impuls auf das Handeln und nicht auf langes Nachdenken ausgerichtet. Diesen Mitarbeiter überzeugen Sie am schnellsten, wenn Sie ihm klarmachen, welche Vorteile Ihre Idee für ihn persönlich hätte. Geben Sie diesem eine Handlungsanweisung, ist es ihm wichtig, hinterher von Ihnen eine Rückmeldung zu bekommen. Diese Menschen sind stark in der Ausführung von Befehlen und Anweisungen. Ärmel hochkrempeln und los geht's! Ein typischer Satz von diesen Personen: „Learning by doing!“

Anfangs könnte Ihnen die Beurteilung der unterschiedlichen Größen der Dreiteilung leichter fallen, wenn Sie einen Kopf von der Seite betrachten. Vielleicht nehmen Sie sich zum Üben ein paar Fotos, auf denen Menschen von der Seite fotografiert wurden. Nehmen Sie sich ein Lineal und messen Sie die drei Bereiche aus. Bald geht es genauso gut von vorne. Sollten für das Ausmessen der Stirn Haare im Weg sein, schätzen Sie zunächst, wo der Haaransatz beginnt. Der Scheitel könnte einen wertvollen Hinweis liefen. Zum Einschätzen von jemandem mit Glatze nehmen Sie einfach die Grenze, wo die Gesichtsmimik aufhört. Ab einer bestimmten Linie sind keine Falten mehr vorhanden. Da begann früher der Haaransatz, als noch Haare vorhanden waren. Hin und wieder treffen wir auf Menschen, die eine sehr ausgeglichene Dreiteilung haben. Für diesen Fall haben wir noch viele andere Merkmale, die, wie unten aufgeführt, Aufschluss geben.

Jetzt haben Sie bereits den ersten Schritt getan, um ein Gesicht nicht nur aus dem Bauchgefühl heraus zu betrachten. Denn das kann sehr täuschen. Sympathie und Antipathie haben dabei nichts verloren. Sie werden merken, dass Sie Menschen viel emotionsloser betrachten als vorher. Manchmal entspannt allein diese Tatsache ein Gespräch. Stellen Sie sich vor, dass Sie ab jetzt viel mehr Parameter zur Verfügung haben als nur Ihr Bauchgefühl. Anstatt zu denken, mag ich oder mag ich nicht, kommt Ihnen sofort „Der denkt wohl viel, dann gebe ich ihm mal Infos" in den Sinn.

Beginnen Sie eine Unterhaltung mit einer offenen Smalltalk-Frage. Während Ihr Gesprächspartner antwortet, haben Sie genügend Zeit, sich das Gesicht genauer anzuschauen, ohne dass es ihm auffällt. Er achtet jetzt mehr auf das, was er sagt als auf Ihre Blicke. Und bei üblichem Gesprächsabstand von circa 120 Zentimetern sieht der andere nicht unbedingt, welche Aspekte Sie in seinem Gesicht begutachten, zumindest wenn Sie sich mehrere Bereiche des Gesichts anschauen und nicht auf einen Punkt starren, wie auf einen riesigen Pickel.

Unterschiedliche Haaransätze:

Weiter geht es bei unserer Analyse mit dem Haaransatz. Wir unterscheiden nur drei unterschiedliche Haaransätze: 1. tiefer, 2. hoher, 3. spitzer Haaransatz. Diese lassen sich recht einfach erkennen.

1. Der tiefe Haaransatz:
   Menschen, deren Haaransatz sehr weit ins Gesicht ragt, sind sehr gefühlsbetont und empathisch. Sie nehmen die Gefühlslage im Team mit besonderen Antennen wahr. Hat sich jemand im Ton vergriffen oder einen unpassenden Satz gesagt, bekommt dieser Mensch als Erster mit, wenn die Stimmung zu kippen droht. Erfahrungsgemäß wird er als Erster eine schlichtende oder beruhigende Äußerung machen. Diese Menschen mögen es, wenn sich alle im Team gut verstehen und mögen Harmonie.
2. Der hohe Haaransatz:
   Liefern die Haare einen besonders guten Blick ins Gesicht bis hin zur Glatze, ist das ein Zeichen für rationales und logisches Denken. Diese Menschen entscheiden wohlüberlegt und reagieren selten über. Sie handeln vernunftmäßig und lieben klare Regeln und stellen sie auch gerne mal auf. Sie erklären vorzugsweise mit Aufzählungen wie: „Punkt 1 …, Punkt 2 …, Punkt 3 …!“ oder: „A …, B …, C …“ Im Team sind sie die Hinterfrager und Klarsteller. Sie diskutieren gerne und lange und wollen alles ganz genau wissen, bevor es zu einer Entscheidung kommt. Viele Politiker haben diesen Haaransatz.

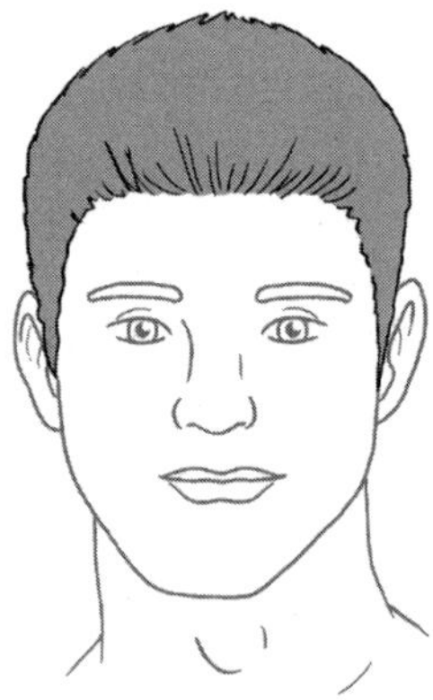

Abbildung 9: tiefer Haaransatz

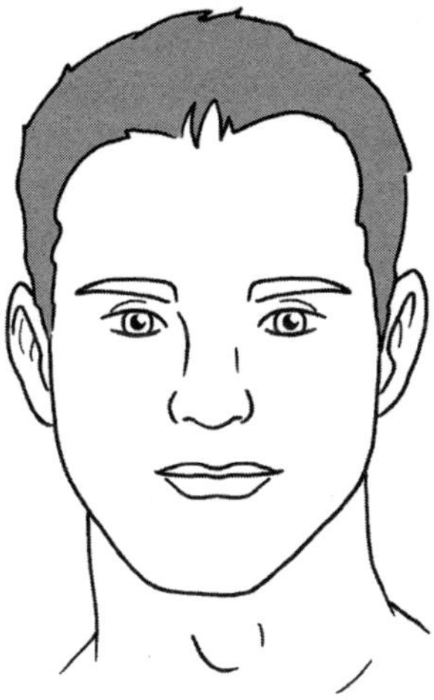

Abbildung 10: hoher Haaransatz 1

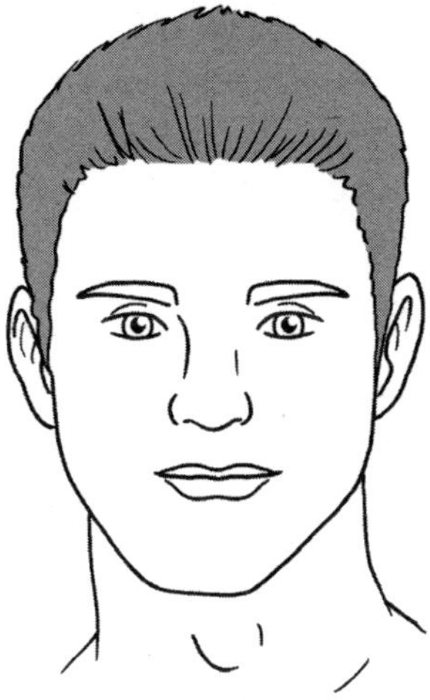

Abbildung 11: hoher Haaransatz 2

3. Der spitze Haaransatz:
   Etwas seltener treffen wir solch einen äußerst kreativen Menschen an. Diese Mitarbeiter denken innovativ und sprudeln vor Ideen. Wenn Sie keine Angst vor Einfallsreichtum und Veränderungsprozessen haben, werden Sie mit ihnen Ihre Freude haben. Sie begegnen Problemen mit neuen Ansätzen und halten sich nicht mit Denkmustern auf wie: „Das war ja noch nie so! Das haben wir aber immer schon so gemacht! Wo kommen wir denn da hin, wenn …!" Sie

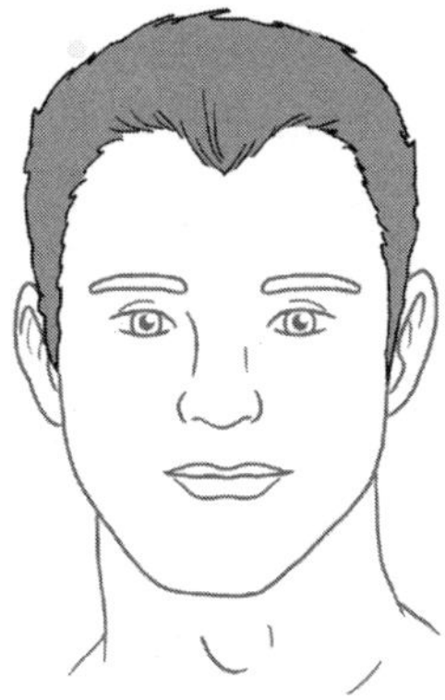

Abbildung 12: spitzer Haaransatz

sprengen alte Verhaltensmuster und probieren Neues aus. Der Kabarettist Ingo Appelt hat beispielsweise einen spitzen Haaransatz.

Die Stirn:

Auch bei der Stirn können wir grundsätzlich festhalten, dass die Größe entscheidend für viele Denkprozesse ist. Zu dem, was wir bereits von den Haaransätzen wissen, liefert uns die Beschaffenheit der Stirn noch weitere Hinweise. Wenn wir uns die Stirn von der Seite betrachten, liefert sie uns zusätzlich Details über die Art des Denkens. Die gerade Stirn denkt nachsichtig und verständnisvoll. Diese Menschen sind warmherzig und empathisch. Bei der gewölbten Stirn ist ein gutes räumliches und bildhaftes Vorstellungsvermögen zu bemerken. Diese Menschen besitzen in der Regel eine schnelle Auffassungsgabe und ein gutes Gedächtnis. Ihnen gefällt es, wenn wir eine bildhafte Sprache benutzen und ihnen Beispiele liefern.

Stirnfalten:

Wenn auf der Stirn Hautfalten zu sehen sind, liefern sie uns zusätzliche Informationen über das Verhalten der Menschen. Falten gelten als Zeichen von Erfahrungen, die der Mensch in seinem Leben gemacht hat. Sie sind nicht angeboren, sondern berichten über seine Vergangenheit. Je größer die Faltenbildung, desto häufiger und intensiver ist der Besitzer über seine Grenzen und sein Potenzial hinausgegangen.

Sind die Falten durchgängig wie in Abbildung 13, ist das ein starkes Indiz dafür, dass diese Personen einen langen Atem haben und sehr geduldig bei ihrer Arbeit sind. Es sind

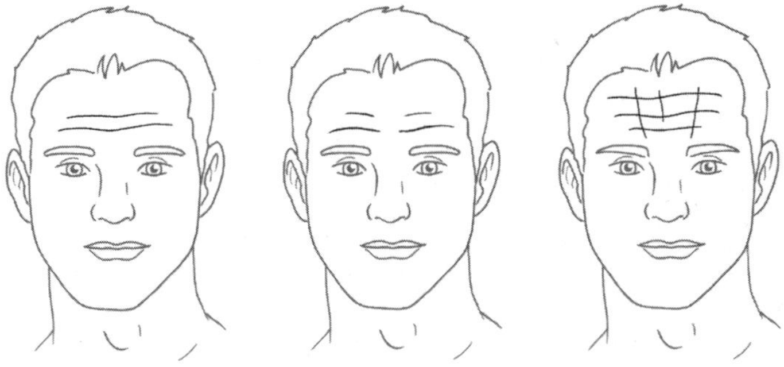

Abbildung 13–15: durchgängige, unterbrochene und senkrechte und waagrechte Falten auf der Stirn

die sogenannten Durchhaltestrategen – mit allen Vor- und Nachteilen.

Menschen, bei denen die Stirnfalten unterbrochen sind (Abb. 14), müssen immer wieder motiviert werden, um eine Sache zu beenden. Sich selbst zu motivieren haben sich diese Mitarbeiter sicher bereits antrainiert. Positiv ist an ihnen, dass sie für Neues offen und schnell zu begeistern sind.

Hat eine Stirn viele senkrechte und waagerechte Falten ähnlich wie bei einem Gitter (Abb. 15), ist das ein Zeichen von großer Wut und Unzufriedenheit. Hier macht es Sinn zu hinterfragen, ob der Zustand mit der beruflichen Tätigkeit zu tun hat. Sie sind kein Psychologe und es ist auch nicht Ihre Aufgabe, aber vielleicht empfinden Sie es als Ihre Sorgfaltspflicht, bei dieser Person bei einem Small Talk mal hinter die Kulissen zu schauen. Gehen Sie lieber auf Nummer sicher, bevor die Zeitbombe explodiert. Sie tickt vielleicht schon schneller ... Vielleicht veranstalten Sie in Ihrer Firma ein Mentaltraining.

Die Augenpartie:

Als Nächstes wandert unser Blick über die Stirn hinab und wir schauen uns die Augen etwas genauer an. Größe, Abstand zueinander, Augenbrauen. Es gilt wieder: Je größer die Augen, desto umsichtiger und aufmerksamer der Mensch. Je kleiner die Augen, desto konzentrierter seine Wahrnehmung. Mitarbeiter mit kleinen Augen können sich demnach gut zurückziehen und eine Arbeit konzentriert bis zum Ende erledigen. Sie lassen sich weniger ablenken.

Ein Sprichwort sagt, dass die Augen das Tor zur Seele darstellen. Wie schauen Sie andere Menschen bei der Begrüßung an? Schauen Sie Ihrem Gegenüber direkt *in* die Augen oder *stoppt* Ihr Blick an der Brille oder *vor* den Augen? Wie lange schauen Sie ihm in die Augen? Schauen Sie gleich wieder weg oder halten Sie den Kontakt mit Ihrem Gesprächspartner aus? Wenn wir jemanden anschauen, entsteht ein sehr enger Kontakt, den einige Menschen nicht ertragen. In den letzten 13 Jahren hatte ich beruflich viel mit Richtern und Rechtsanwälten zu tun. Viele von ihnen erkennen am Blick der Zeugen, Beteiligten und Beschuldigten, ob sie lügen oder die Wahrheit sagen.

Abstand der Augen:

Normalerweise ist zwischen den Augen so viel Platz, dass ein Auge dazwischenpassen würde. Interessant für eine Face-Reading-Analyse sind die Fälle, die vom Normalfall abweichen. Wenn der Augenabstand bei Menschen größer ist, wie beispielsweise bei der heute-journal-Moderatorin Marietta Slomka, zeigt das eine gewisse Weitsicht. Sie strahlen eine innere Ruhe aus und wirken sehr bedacht. Menschen mit einem weiten Augenabstand denken sehr visionär und zukunftsorientiert. (Abb. 16)

Entgegengesetzt zu den weit auseinanderliegenden

Augen lassen sich dementsprechend eng stehende Augen beobachten (Abb. 17). Diese Menschen weisen eine hohe Konzentrationsfähigkeit auf und sind sehr kritisch. Was nicht wissenschaftlich beweisbar ist, hat für sie wenig Bedeutung. Sie sammeln viele nachvollziehbare Details, bevor sie eine Entscheidung treffen. Hier fällt mir der geniale Kabarettist Vince Ebert ein, der einen auffällig engen Augenabstand besitzt. Er beschreibt, dass er als Kind für dieses Merkmal oft gehänselt wurde. Fast mit beiden Augen gleichzeitig könne er durch ein Schlüsselloch schauen. In der Pubertät wuchs es sich etwas zurecht, just in der Phase des Lebens, in der er diese Fähigkeit hätte sinnvoll nutzen können. Diese Menschen sind nicht sehr anfällig für Kirchen, Sekten und andere Glaubensrichtungen jeglicher Art. Sie sammeln Fakten und versuchen alles zu begreifen.

Die Augenbrauen:

Ebenfalls auf den ersten Blick gut zu erkennen sind Form und Platzierung der Augenbrauen. Dieses Merkmal ist häu-

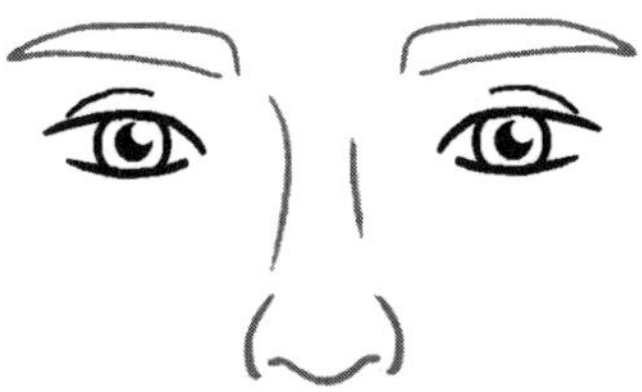

Abbildung 16: weiter Abstand zwischen den Augen

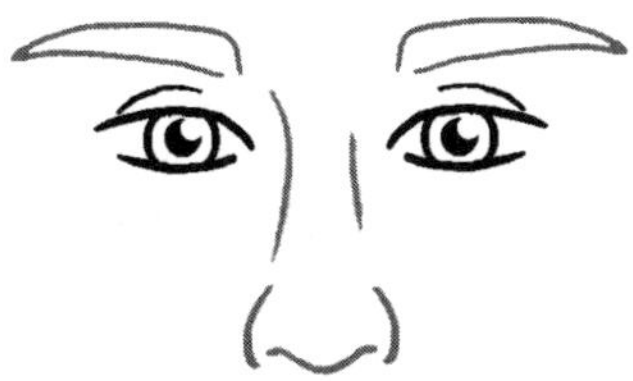

Abbildung 17: eng stehende Augen

fig bei Frauen mit Vorsicht zu beurteilen, da es mittlerweile nur noch wenige Frauen gibt, die ihre natürliche Form belassen. Bei den meisten Männern allerdings ist es sehr hilfreich. Wir unterscheiden hier zur Vereinfachung wieder drei verschiedene Arten: 1. waagrechte, 2. gebogene und 3. abgewinkelte Augenbrauen.

1. Waagrechte Augenbrauen:
   Sie liefern einen Hinweis darauf, dass ihr Besitzer sehr nachdenklich ist und vor Entscheidungen länger nachdenkt. Je kürzer die Braue über dem Auge, desto durchsetzungsfähiger und entscheidungsfreudiger ist jemand. Kurze Augenbrauen stehen ebenfalls für ein gutes Selbstbewusstsein. (Abb. 18)

2. Gebogene Augenbrauen:
   Diese Menschen sind fröhlich und harmoniebedürftig. Sie sind sensibel und nehmen Stimmungen im Team eher wahr als andere. Durch ihre gesellige Art sind sie bei anderen Mitarbeitern sehr beliebt. Diese Mitarbeiter benötigen täglich Lob und Anerkennung – viel mehr als andere. Ein gutes Wort trägt bei diesen Mitarbeitern eher zur Motivation bei als materielle Zuwendung. (Abb. 19)

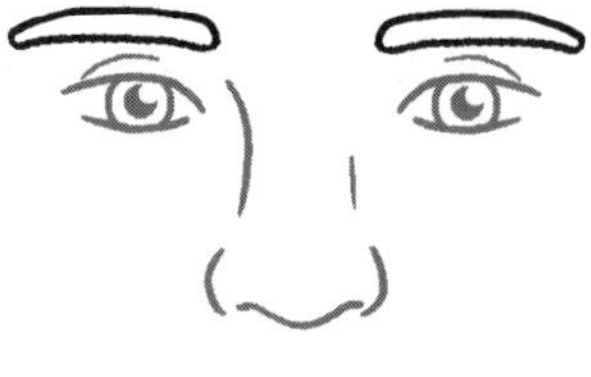

Abbildung 18: waagrechte Augenbrauen

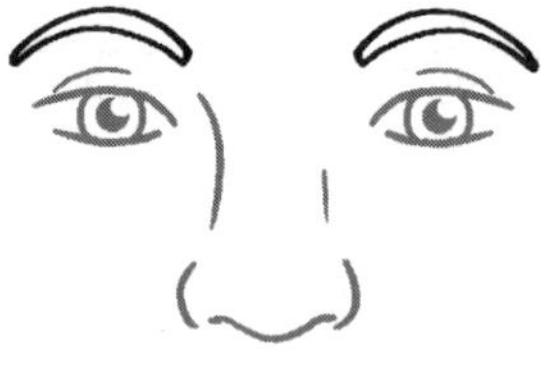

Abbildung 19: gebogene Augenbrauen

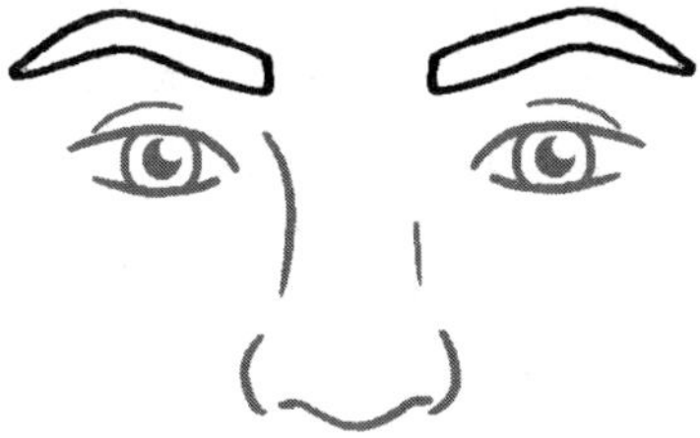

Abbildung 20: abgewinkelte Augenbrauen

3. Abgewinkelte Augenbrauen:
   Jemand mit eckigen, zur Seite hin abgewinkelten Augenbrauen, unter Fachleuten auch Mephisto-Augenbrauen genannt, übernehmen gerne Führungsverantwortung und können das in der Regel auch gut. Sie neigen zur Sachlichkeit und gehen keinem Konflikt aus dem Weg. Haben Sie jemanden im Team mit Mephisto-Brauen? Könnte es sein, dass dieser Mitarbeiter gerne in Konkurrenz mit Ihnen geht? Kein Wunder! Es ist sein Urbestreben, die Führung zu übernehmen. Nutzen Sie seine Fähigkeit und erarbeiten Sie mit ihm, bald Verantwortung im Team zu übernehmen. Geben Sie ihm Aufgaben und stellen ihm ein paar Leute zusammen, die ihn dabei unterstützen – vielleicht nach Möglichkeit diejenigen mit gebogenen Augenbrauen, denn die sind teamfähig. (Abb. 20)

Höhe der Augenbrauen:

Je höher die Augenbrauen liegen, desto weniger kritikfähig sind diese Menschen. Sie können falsch platzierte Worte gerne mal persönlich nehmen. Es ist ihnen wichtig, was andere über sie denken. Auch bei diesen Mitarbeitern würde ich mit Lob nicht sparen – es lohnt sich!

Je näher die Brauen an den Augen liegen, desto kreativer denken diese Menschen und können sich gut konzentrieren.

Menschen mit zusammengewachsenen Augenbrauen neigen zu Jähzorn und Wutausbrüchen. Achten Sie bei ihnen auf weitere Zeichen, die ich hier beschreibe, um diesen Gefühlsausbrüchen entgegenwirken zu können. Sie brauchen viel Kontrolle. Im Kapitel Status werden Sie wichtige Hinweise hierfür finden.

Faltenbildung zwischen den Augenbrauen:

Die hier aufgeführten Hinweise liefern Ihnen zusätzliche Auskünfte für Reaktionen Ihrer Mitarbeiter. Weil sie sich zwischen den Augenbrauen befinden, haben Sie es sehr leicht, im Gespräch darauf zu achten, da Sie Ihrem Gesprächspartner oft in die Augen schauen. Das fällt nicht auf.

Bei manchen Menschen befindet sich eine Falte vertikal genau mittig zwischen den Augen. (Abb. 21) Kennen Sie jemanden, der solch eine Falte besitzt? Diese Falte ist ein Zeichen von langer Ausdauer. Wir nennen sie Ausdauerfalte. Sie ist ein Zeichen für beständige Hartnäckigkeit. So jemand kann sich hervorragend konzentrieren und bleibt am Ball. Er neigt zu Perfektionismus.

Sitzt diese Vertikalfalte nicht genau mittig, sondern zieht sie von *seinem* rechten Auge bis circa zwei bis drei Zentimeter in die Stirn hoch, kann der Träger sehr gut erklären. (Abb. 22) Diese Person hat besondere kommunikative Fähigkeiten und ist darin begabt, andere zu unterweisen. Sie mag es gerne, schwierige Sachverhalte zu erläutern und begreiflich zu machen. Da dieses Verhalten an Lehrer erinnert, nennen wir sie pädagogische Falte.

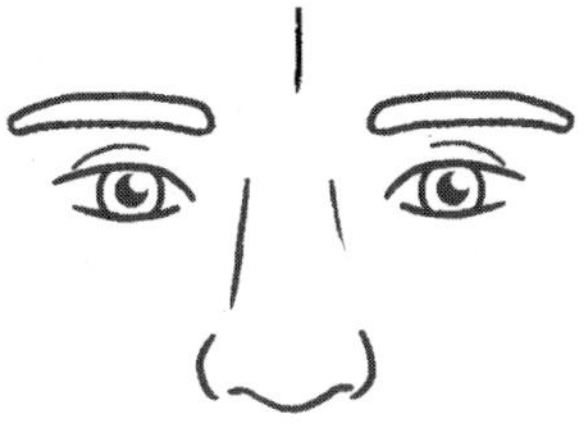

Abbildung 21: vertikale Falte zwischen den Augen

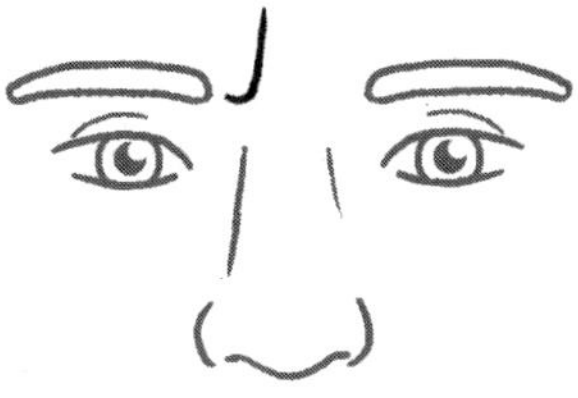

Abbildung 22: „pädagogische" Falte

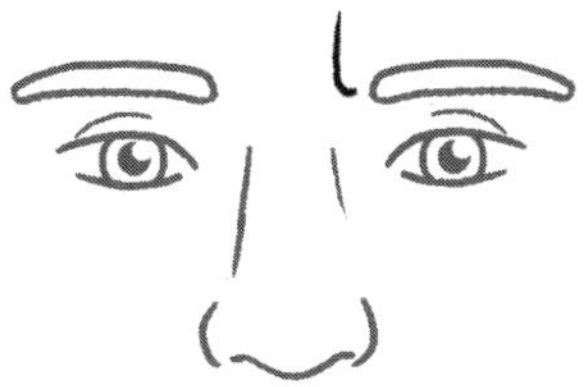

Abbildung 23: „Charakterfalte"

Abbildung 24: „Befehlsfalte"

Die nächste Hautfalte möchte ich nur der Vollständigkeit halber anführen. Sie sitzt genau auf der anderen Seite der Pädagogenfalte und könnte zur Verwechslung führen. Deshalb: die gleich aussehende, vertikale Hautfalte – nur vom linken Auge nach oben ziehend – nennen wir Charakterfalte (Abb. 23). Sie zeigt an, dass sich jemand in einer schwierigen persönlichen Situation befunden hat. Sollte diese Falte unterbrochen sein, ist das Problem erfahrungsgemäß noch nicht durchlebt und beendet. Zieht sie durchgehend nahe am Auge bis hin zur Stirn, hat der Besitzer seine Angelegenheit abgeschlossen. Bitte urteilen Sie hier äußerst vorsichtig, wenn Sie keine genauen Details kennen. Für Sie sollte dieses Merkmal keine Entscheidung beeinflussen. Nur verwechseln Sie diese beiden gleich aussehenden Merkmale nicht.

Manche haben zwischen den Augen eine ausgeprägte Horizontalfalte (Abb. 24). Sie scheint die Augen zu verbinden. Mit ihr beginnt die Nase. Wer diese Falte besitzt, kann sehr gut Befehle geben. Nennen wir sie mal Befehlsfalte. Jemand mit dieser Hautfalte wird sich Gehör verschaffen und sich durchsetzen können. Auf so manchen wirkt diese Falte einschüchternd bis bedrohlich. Aber keine Sorge! Dahinter kann sich ein sehr weicher Kern befinden.

Und jetzt wünsche ich Ihnen, dass Sie auf viele Menschen treffen werden, die sich dieser tollen Zeichnungen im Gesicht stellen und sie nicht mit Nervengift kaschieren. Unglaublich, dass Menschen lieber ihre Gesichtsmuskeln mit Botox deaktivieren und andere nicht mehr sehen, ob sie ernst schauen oder lachen. Es ist dann nur noch am Geräusch zu erkennen, das sie von sich geben.

Die Nase:

Wie die Nase eines Mannes, so sein ... Nein, Gott sei Dank ist das eine absolute Fehlinterpretation. Uns interessiert vielmehr das Verhalten des Mannes oder der Frau, wenn wir uns die Nase ansehen. Eine normal große Nase würde, vom Haaransatz bis zur Kinnspitze gemessen, dreimal ins Gesicht passen. Abweichungen von dieser Normgröße sind für uns vorerst interessant.

Kleinere Nasen passen demnach mindestens 3,5-mal ins Gesicht. Menschen mit kleinen und kurzen Nasen arbeiten gerne und viel. Sie neigen zum Workaholic und gehen gerne bis an ihre Grenzen. Sie verfügen über einen gesunden Menschenverstand und lassen sich kein X für ein U vormachen.

Abbildung 25: schmaler Nasenrücken

Abbildung 26: breiter Nasenrücken

Die große Nase wird weniger als dreimal ins Gesicht passen. Langnasige Menschen vertrauen gerne sich selbst, sind gründlich in ihrer Arbeit und gehen dabei sehr systematisch vor.

Ist der Nasenrücken sehr schmal (Abb. 25), bedeutet das, dass diese Menschen mit ihrer Kraft haushalten müssen. Sie sind nicht sehr belastbar. Ruhige und routinierte Aufgaben tun ihnen gut.

Im Gegensatz dazu sind Mitarbeiter mit breitem Nasenrücken (Abb. 26) sehr belastbar und können, wenn der Nasenrücken nach unten hin stärker wird, unter hohem Druck zur Höchstform auflaufen.

Das Pallium:

Unterhalb der Nase, auf dem Stück, wo manche Männer sich gerne einen Oberlippenbart wachsen lassen, ist ein interessantes Merkmal für Dominanz – das sogenannte Pallium. Je größer der Abstand zwischen Nase und Oberlippe, desto größer ist der Anspruch auf Macht. (Abb. 27) Diese Menschen können führen und streben auch danach. Ist etwa eine verantwortungsvolle Position in einem Schwerlastbetrieb zu vergeben oder eine andere Männerdomäne zu regieren, hilft es, auf dieses Zeichen zu achten – egal ob männliche oder weibliche Führungskraft. Sie lassen sich nicht die Butter vom Brot nehmen.

Ein kurzes Pallium (Abb. 28) ist eher ein Zeichen für Mitarbeiter, die Führung benötigen und gerne Verantwortung in die Hände anderer abgeben. Sie fühlen sich wohl, wenn ihnen jemand sagt, was sie zu tun haben.

Die vertikale Rinne zwischen Nase und Oberlippe nennt sich Philtrum. Sie entsteht in der Embryonalphase beim Zusammenwachsen der Gesichtshaut. Ist diese Rinne deutlich zu erkennen und stark ausgeprägt in seiner Kontur, wirkt es auf andere sexuell anregend.

Der Mund:

Kommen wir zur Mundregion. Wieder gilt die grundsätzliche Aussage: je größer der Mund, desto höher die kommunikativen Fähigkeiten. Geht es um die Besetzung einer Hotline oder eines Beratungszentrums, hilft es, je nach Aufgabe und Redeanteil, auf die Größe des Mundes zu achten. Ist jetzt noch Sensibilität im Umgang mit Menschen erforderlich, helfen fleischige Lippen.

Schmale oder dünne Lippen (Abb. 29) sind eher ein Zeichen von rational denkenden Menschen mit geringer Sinnlichkeit. Sie formulieren meist faktenorientiert und analytisch. Diese Hinweise erwarten wir bei Steuerberatern und Mitarbeitern, die uns Zahlen und Daten erklären. Im

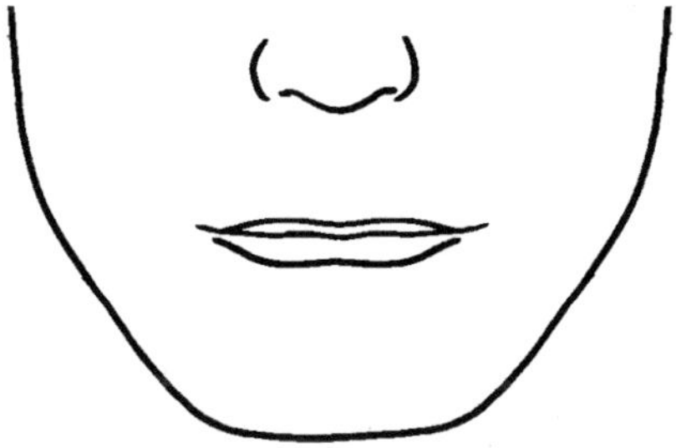

Abbildung 27: ausgeprägtes Pallium

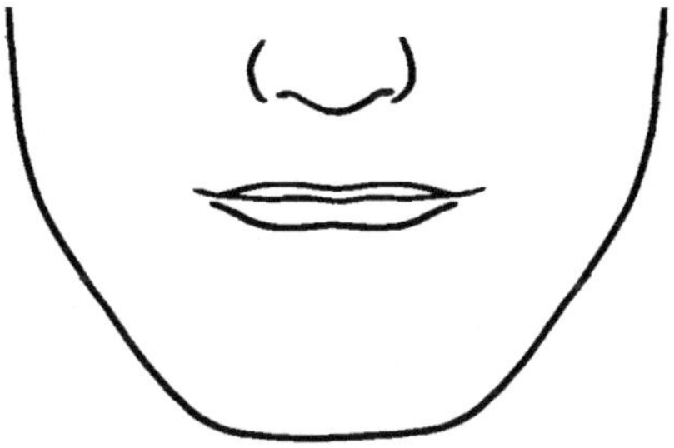

Abbildung 28: kurzes Pallium

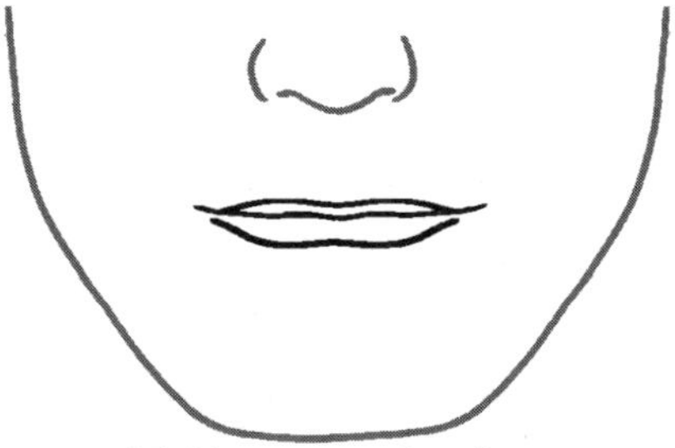

Abbildung 29: schmale Lippen

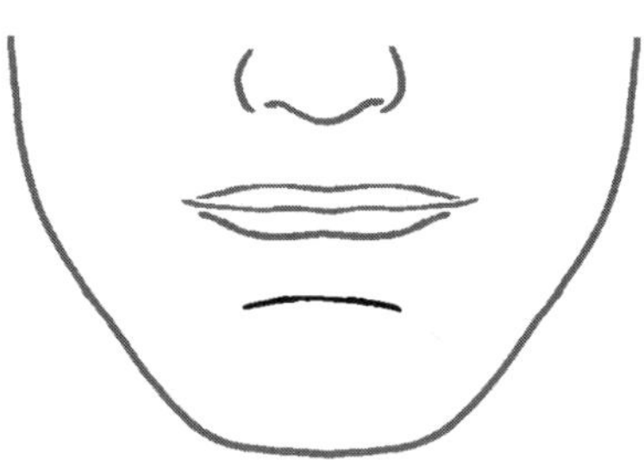

Abbildung 30: „Nörgelfalte“

Backoffice ohne Kundenkontakt finden Sie daher häufig Menschen mit eher dünnen Lippen und kleinen Mündern.

Die Kinnquerfalte:

Unterhalb des Mundes befindet sich bei manchen Menschen eine Querfalte (Abb. 30). Diese, manchmal auch „Nörgelfalte" genannt, sagt uns, dass solche Menschen gerne sagen, was sie denken. Zu sprechen, ohne einen Gedanken dazu, was das Gesagte bewirken könnte, mag für den einen oder anderen unhöflich klingen. Seien Sie ihnen nicht böse, diese Menschen meinen vieles nicht so, wie es rüberkommt. Es liegt in erster Linie daran, dass sie schnell denken und schnell reden. Es ist ein Urinstinkt!

Das Kinn:

Betrachten wir nun das Kinn. Es hat für den ersten Blick eine bedeutende Rolle und steht stark ausgeprägt für berufliche Machtausübung. Untersuchungen ergaben, dass Menschen mit kantigem und auffälligem Kinn häufiger in höhere Führungspositionen gelangen als andere mit kleinem, unauffälligem Kinn. Nicht umsonst ist in den USA die Zahl der Kinn-OPs in den letzten Jahren sprunghaft angestiegen und nimmt den Löwenanteil der Schönheitsoperationen noch vor Brust-OPs, Fettabsaugungen und Botox-Injektionen ein. Weil es nicht angeboren ist, sei dahingestellt, ob Menschen, die sich ein markantes Kinn anoperieren lassen, dann ihrem Job gerecht werden.

Und tatsächlich: Ein angeborenes kräftiges, weit nach vorne stehendes Kinn und starke Kieferknochen sind Hinweise auf eine echte Kämpfernatur. Diese Menschen sind in der Regel selbstbewusst, zielstrebig und gelten als durchsetzungsfähig. Sie lassen sich kaum von einem anvisierten Soll-Zustand abbringen. Dabei können sie auch beizeiten aggressiv wirken. Sie streben danach, ihre Ziele so schnell wie möglich zu erreichen. Allgemein stehen Unterkiefer und Kinn für körperliche Einsatzbereitschaft und Ausdauer. Je stärker dieses Areal ausgeprägt ist, desto stärker ist die Hingabe, ein Ziel zu erreichen. Unser werter Michael Schumacher zeigt uns ein typisches Bild hierfür.

Ist das Kinn von der Seite betrachtet nach hinten verlagert, das sogenannte fliehende Kinn, hat der Besitzer Sinn für soziales Verhalten und Teamfähigkeit des Mitarbeiters. Es zeigt uns Menschen mit Gemeinschaftssinn und Kompromissbereitschaft. Soziales Engagement und Hilfsbereitschaft in einem Team sind ihnen wichtig. Andere vertrauen sich ihnen gerne an, weil sie sich für die Belange ihrer Kollegen interessieren.

Betrachten wir die Kinnspitze von vorne, können wir drei verschiedene Formen unterscheiden (Abb. 31). Das spitze Kinn verrät uns einen messerscharfen Verstand und lässt

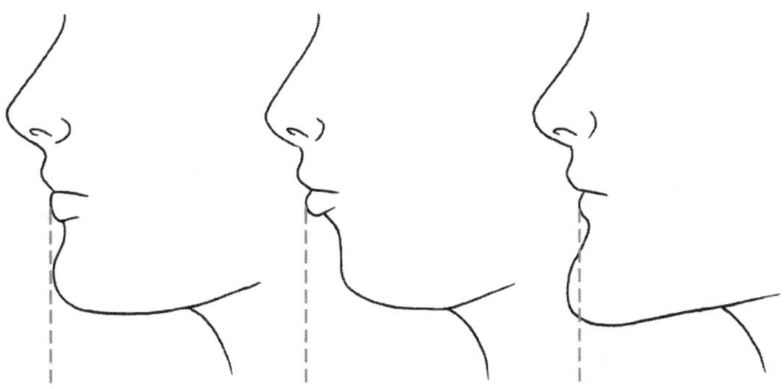

Abbildung 31: verschiedene Kinnformen

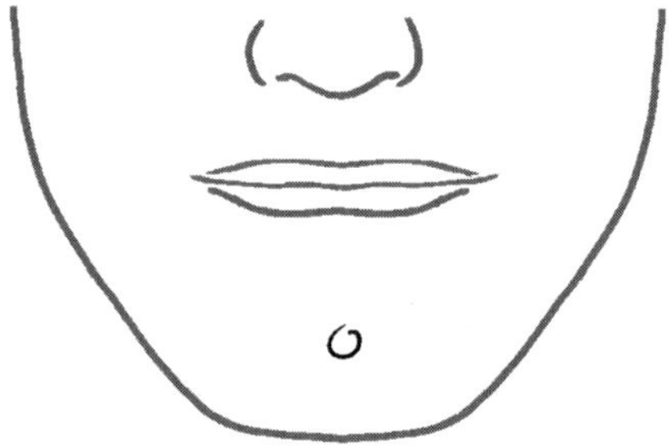

Abbildung 32: Kinngrübchen

auf jemanden schließen, der weiß, was er tut und dementsprechend kontrolliert handelt. Menschen mit rundem Kinn hingegen gehen eher vorsichtig und diplomatisch vor. Von ihnen ist aufmerksames und bedachtes Handeln zu erwarten. Die dritte Variante ist das breite und kantige Kinn mit der Neigung zum beharrlichen und entschiedenen Durchsetzen seines Willens.

Kinngrübchen:

Viele Menschen aus dem öffentlichen Leben besitzen dieses auffällige Merkmal (Abb. 32). Hier wird der Hang zu Perfektion und Selbstdarstellung bis hin zur Eitelkeit deutlich. Sie benötigen ganz dringend die Anerkennung von außen. Kritikfähig sind sie hingegen absolut nicht.

Besitzt das Kinn eine Spalte in der Mitte wie bei den Schauspielern Kirk und Michael Douglas, brauchen diese Menschen gerne Zeit für Entscheidungen. Sie wägen Vor- und Nachteile immer wieder ab, weil sie keine Fehlentscheidung treffen wollen.

Die Ohren:

Gönnt uns der Haarschnitt einer Person einen Blick auf die Ohren, lassen uns diese zusätzlich wichtige Informationen über ihre Wesenszüge zukommen. Die Ohren liefern von der Diagnose von Krankheiten über die Therapiemöglichkeiten bis hin zur Charakterisierung sehr komplexe Botschaften. Allein die Ohrakupunktur mit ihren über 100 Akupunkturpunkten bietet zahlreiche Möglichkeiten zur reflektorischen Behandlung von physischen und psychischen Dysfunktionen. Sie wird unter anderem bei der Raucherentwöhnung und zur Schmerztherapie eingesetzt. Auch beim Face-Reading bietet uns das Ohr viele Erkennungsmerkmale, um unser Gegenüber besser kennenzulernen. Hier nun die wichtigsten und leicht zu erkennenden Zeichen.

Wie bei allen Gesichtsorganen spielt die Größe eine wichtige Rolle: Große Ohren hören gerne zu, kleine Ohren sind eher introvertiert. Die Normalgröße der Ohren kann mit der Größe der normalen Nase verglichen werden. Die Höhe der Ohren würde im Normalfall etwa dreimal in den Bereich vom Haaransatz bis zum Kinn passen. Normale

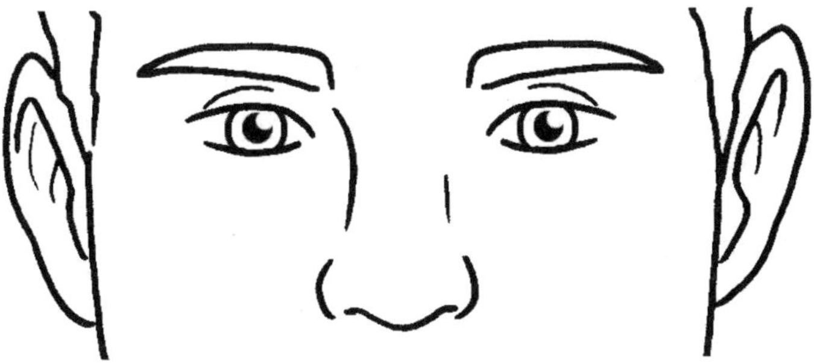

Abbildung 33: höher angewachsene Ohren

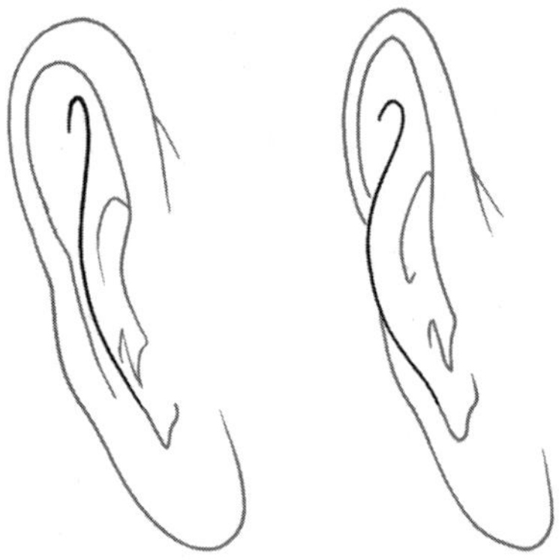

Abbildung 34: Ohrkante

Ohren verraten uns eine positive und erfolgsorientierte Lebensgrundeinstellung der Person. Sie ist gründlich, weitblickend und zuverlässig.

Bei kleinen Ohren sind Menschen sensibel, eher vorurteilslos und einfühlsam. Sie haben einen Hang zum Musischen. Personen mit großen Ohren dagegen sind furchtlos, idealistisch und rege. Ihr kreatives Denken beeindruckt andere und lädt zum Mitmachen ein.

Die Oberkante der Ohren bildet normalerweise eine Linie mit den Augen. Achtung: Sind die Ohren höher angewachsen (Abb. 33), denkt sein Besitzer schnell und möchte Entscheidungen auch schnell vom Tisch haben.

Liegen die Ohrenoberkanten eher unterhalb der Augen, möchten diese Menschen gerne alle Details noch einmal in Ruhe durchdenken, um die Fehlerquote so gering wie möglich zu halten.

Schauen wir uns die Ohren von vorne an. Bei manchen stellen wir fest, dass die innere Ohrkante vor die Außenkante ragt (Abb. 34). Das zeichnet Menschen aus, die sich sehr gut präsentieren können – Verkäufer, Vertreter, teils Führungskräfte. Diese Menschen benötigen eine eigene Bühne und sind in einer Gruppe Menschen bestrebt, sich diese zu nehmen. Gerne gehen sie, wie auch Menschen, bei denen andere Dominanzzeichen ausgeprägt sind, mit ihren Führungskräften in Konkurrenz. Bei diesem Zeichen ist das allerdings nicht zwingend destruktiv. Sie können das mit einem kurzen Pallium (Nasen-Oberlippen-Abstand) und fleischiger Oberlippe durchaus auch unterstützend meinen. So zum Beispiel, wenn Sie als Führungskraft mit einer Idee im Team nicht landen, könnte so jemand sein Verhalten dafür einsetzen, die anderen Teammitglieder zu überzeugen.

Grübchen im Gesicht:

Zu guter Letzt werfen wir noch einen Blick auf Grübchen im Allgemeinen. Sie sind grundsätzlich Zeichen von harmoniebewussten Menschen. Sie sind meist sensibel, lachen gerne und bringen Freude ins Team. Sie sind jene Mitarbeiter, die in schwierigen Zeiten andere aufmuntern und Heiterkeit in belastende Situationen bringen können.

Nun heißt es üben!

Bis hierhin haben Sie es geschafft. Herzlichen Glückwunsch! Sie haben jetzt ein umfangreiches Wissen über das Gesicht und das Verhalten seines „Eigentümers". Wenn Sie sich keine großartigen Gedanken über Ähnlichkeiten mit Personen gemacht und nur im Schnelldurchlauf runtergelesen haben, wird trotzdem das eine oder andere hängen geblieben sein – suggestiver Hebel! Denken Sie an das Phänomen von Vexierbildern. Sie werden jetzt mit anderen Augen schauen und sich anders verhalten. Das war das Ziel.

Vielleicht hat es aber auch Ihr Interesse geweckt, sich dieses Kapitel noch ein paarmal durchzuschauen und sich weiteres Material von meiner Website downzuloaden und auszudrucken und damit ganz aktiv zu arbeiten.

Aber Achtung! Was Sie bis jetzt gelernt haben, sind nur grobe Einschätzungen. Sie wissen ja noch: Viele Merkmale fehlen für eine genauere Einschätzung und benötigen auch viel Erfahrung, wenngleich Sie in diesem Buch nun für den Alltag sehr nützliche und gut umsetzbare erste Anleitungen bekommen haben. Gehen Sie bitte bei allen Analysen individuell vor. Wenn Sie beispielsweise eine Führungskraft suchen, die ein Team leiten soll, das hauptsächlich aus Frauen besteht, suchen Sie bitte jemanden aus, der hohe soziale Kompetenzen aufweist. Merkmale sind dafür zum Beispiel große Nase, große Ohren, volle Lippen etc. Gehen Sie bitte nicht unbedingt davon aus, dass nur ein Merkmal ausreicht, um einen Typus zu beschreiben. Fällt Ihnen ein Zeichen auf, nach dem Sie Ausschau gehalten haben, suchen Sie bitte weiter. Bei mindestens zwei weiteren Merkmalen können Sie nahezu sicher sein, dass Ihre Analyse passt.

Ich möchte auch nochmals darauf hinweisen, dass mit Face-Reading angeborene Potenziale zu finden sind. Alle beschriebenen Verhaltensweisen können auch später noch antrainiert worden sein. Wir können bei den physiognomischen Merkmalen lediglich davon ausgehen, dass Verhaltensmuster, die gezeigt werden, jenen Menschen, die dazupassende Gesichtsmerkmale aufweisen, leichterfallen als jenen, die ein Verhalten nur einstudiert haben.

Ersten, die ihre Hilfe anbieten. Sie brauchen die Bestätigung im Team, um ihre Arbeit gut zu machen. Entsteht Uneinigkeit im Team, sind sie die Ersten, die einen Leistungseinbruch zu verzeichnen haben.

- *Führungstipp:* Lassen Sie Small Talk zu, solange er nicht in stundenlange Kaffeekränzchen ausartet. Erkennen Sie die positive Wirkung, die ein gutes Miteinander im Team produziert. Interessieren Sie sich bei diesen Mitarbeitern auch für private Belange und vermitteln Sie ihnen so echtes Interesse an ihrer Person. Dadurch steigern Sie die Leistungsbereitschaft. Nur wenn ein gutes Arbeitsklima herrscht, sind zusätzliche Aufgaben kein Diskussionsthema. Das Gehalt wir dann nur eine untergeordnete Rolle spielen, wenn sie sehen, dass in anderen Teams ein eingefrorenes Klima besteht. Prüfen Sie bitte, wie häufig Sie Ihre Mitarbeiter mit Namen ansprechen. Teamplayer fühlen sich sehr wertgeschätzt, wenn sie ihren Namen hören. Sie schaffen Vertrauen, wenn das Team mitbekommt, dass Sie sich für es einsetzen.
- *Teamplayer erkennen Sie an:* dem großen Nasenbereich, tiefem Haaransatz, der Pädagogenfalte, großen Augen, gebogenen Augenbrauen, kleinen Ohren, Außenohr über Innenohr, Ohrenoberkante schließt mit Augen ab, hängenden Ohrläppchen, vollen und fleischigen Lippen, rundem und eher nach hinten versetztem Kinn, Grübchen.

Die Kreativen:

Überall da, wo Neues erschaffen und Innovatives geleistet wird, dürfen diese Menschen nicht fehlen. „Der typische durchgeknallte, langhaarige, zerrissene-Jeans-Träger, der sich über alle Regeln hinwegsetzt. Ein Lebenskünstler mit Flausen im Kopf! Die Unzuverlässigkeit in Person, der alles wurscht ist!" So würde ihn jemand beschreiben, der in wohlgeordneten Bahnen sein Leben lebt.

Kreative Menschen sind in der Lage, in Bisoziationen zu denken, wie Arthur Koestler es in seinem Werk „Der göttliche Funke" beschreibt. Im Gegensatz zu Assoziationen, wo wir Begriffe miteinander verknüpfen, können kreative Menschen geistige Routinen durchbrechen. Lesen Sie hier beispielsweise den Begriff *Blume*, denken Sie vermutlich – wie fast jeder – an eine *Rose*. Lesen Sie den Begriff *Werkzeug*, kommt Ihnen wahrscheinlich als Erstes der *Hammer* in den Sinn. Bei einer *Farbe* drängt sich Ihnen als Erstes die Farbe *Rot* auf. Fordere ich Sie auf, an ein Pferd zu denken, sehen Sie sicher das Pferd von der Seite, Kopf links. Das sind alles Assoziationen, die auf die Mehrzahl der Leser zutreffen. Bei der Bisoziation durchbrechen kreative Denker solch vorgegebene Denkbahnen und verbinden die oben genannten Begriffe nicht zwingend mit der zugeordneten Ebene. Sie sehen beispielsweise bei einem Werkzeug als erste gedankliche Reaktion einen See, der mit einem Werkzeug rein gar nichts zu tun hat. Daraus kann dann aber etwas völlig Neues entstehen – eine Erkenntnis, neue Zusammenhänge oder vielleicht Humor. Menschen mit mehreren physiognomischen Merkmalen, die auf Kreativität hinweisen, sind in der Lage, über den Tellerrand hinauszudenken.

- *Führungstipp:* Vorwiegend kreativ denkende Mitarbeiter sind meist selbstständig. Ihnen gehen wahrscheinlich viele Gedanken durch den Kopf. Auch welche, die nichts mit der Arbeit zu tun haben. Dadurch kennen sie sich meistens mit der neuesten Technik sehr gut aus. Kreative in reinster Form können sich nur schwer für einen längeren Zeitraum auf eine Sache konzentrieren. Es sei denn, sie haben ein unglaubliches Interesse am Ergebnis. Erläutern Sie ein Problem interessant verpackt im Meeting, schießen Ihnen sicher Lösungsideen entgegen, noch ehe Sie fertig sind. Stellen Sie sich vor, Sie haben ein volles Glas sprudelndes Mineralwasser und geben etwas Zucker hinein. Sofort kommt es zu der gewünschten Reaktion und die Kohlensäure entleert sich augenblicklich aus dem Wasser. Genauso geht es diesen ideenreichen Mitarbeitern. Erst muss alles raus, dann kann nach Brauchbarkeit sortiert werden. Lassen Sie erst mal alle Ideen und Vorschläge zu und sammeln Sie diese schriftlich. Danach können Sie immer noch aussortieren. Würden Sie vorschnell die Gedankenflut unterbrechen, könnte es passieren, dass geniale Einfälle nicht mehr geäußert werden. Sätze wie „Das ist total unrealistisch und zu teuer!" blockieren schlagartig die kreativen Gedanken. Es wäre schade darum.

Diese erfinderischen Mitarbeiter sind schnell gelangweilt. Vielleicht haben Sie die Möglichkeit, für Freiraum genialer Menschen zu sorgen. Sie benötigen sowohl feste Führung und klare Vorgaben als auch Platz für persönliche Entfaltungsmöglichkeiten.

Einmal habe ich bei Bewerbungsgesprächen eines großen Dekorationshauses teilgenommen, in denen ein Mitarbeiter für eine organisatorische Stelle gesucht wurde. In meiner Face-Reading-Analyse habe ich sofort viele kreative Potenziale erkannt. Meine Kontrollfrage lautete: „Warum meinen Sie, für diese Tätigkeit geeignet zu sein?" Er antwortete: „Ja, wissen Sie, ich bin in einer Familie mit fünf Kindern aufgewachsen und habe frühzeitig gelernt, dass Ordnung das halbe Leben ist. Sonst hätten wir in der kleinen Wohnung nicht existieren können." Bingo! Das war der Richtige für diesen Job. Einen organisierten und zugleich kreativen Mitarbeiter zu finden, war für diese Stelle wie ein Sechser im Lotto.

- *Kreative Menschen erkennen Sie an:* dem spitzen Haaransatz, weitem Augenabstand, eher großen Augen, tief sitzenden Augenbrauen, großen und hoch sitzenden Ohren.

Die Rationalen:
Stellen Sie sich einen typischen, korrekten Bankangestellten vor, der in seinem Beruf richtig aufgeht. Er hat die Zahlen auf Ihrem Konto im Griff und liebt es, ganz genau in Tabellen zu schauen und nach Verhältnismäßigkeiten zu suchen. Er scheut davor zurück, Fehler zu machen, weil es ja schließlich nicht um sein Geld geht. Wir sprechen nicht vom Analysten im Backoffice, der das Geld anlegt, sondern von jener Person „an der Front", die es vom Kunden abkriegt, wenn es mit den Fonds nicht so läuft. Er kommt morgens pünktlich um 8:00 Uhr ins Büro und seine tägliche Arbeit ist um 17:00 Uhr fertig. Struktur und Kontinuität sind ihm wichtig. Das liefert ihm die Sicherheit, die er braucht. Allem Neuen steht dieser Angestellte erst einmal skeptisch gegenüber und braucht einige Zeit, um abzuwägen. Sie können sich auf sein Wort verlassen und er fordert diese Verlässlichkeit auch von Ihnen, denn er überdenkt eine Entscheidung mehrmals. Sein Schreibtisch muss jeden Morgen genauso aussehen, wie er ihn verlassen hat. Fehler in seiner Buchhaltung gibt es nicht. Dafür sorgt sein Sinn für Genauigkeit.

- *Führungstipp:* Haben Sie einen solchen Mitarbeiter, können Sie sich auf seine Genauigkeit bei Routineaufgaben verlassen. Er wird es lieben und genießt seine Ruhe, weil ihm diese Aufgabe sicher keiner wegnehmen wird. Erteilen Sie ihm eine Aufgabe kurz und knapp mit den nötigsten Details. Sollte es Fragen geben, wird er sie schon stellen, allein um Fehler zu vermeiden. Machen Sie ihm klar, wie wichtig diese Arbeit für das Team und das Unternehmen sein wird. Stellen Sie klar, dass Sie sich keinen besseren Mitarbeiter für diese Tätigkeit denken könnten. Er wird Sie nicht enttäuschen. Lob und Anerkennung ist für jeden Mitarbeiter das Öl im Getriebe, doch dieser Mitarbeiter benötigt es dringend. Vergessen Sie das nie, wenn Sie sich seiner sicher bleiben wollen. Denn sein Selbstwertgefühl muss jeden Tag aufs Neue reaktiviert werden.

- *Sie erkennen Menschen mit rationaler Intelligenz an:* dem großem Stirnbereich, hohem Haaransatz, kleinen und eng liegenden Augen, der Ausdauerfalte, normal großen Ohren, leicht angewachsenen Ohrläppchen, der kleinen Nase, dem schmalen Nasenrücken, schmalen Lippen, dem spitzen Kinn, das nicht über den Lippenrand hinausgeht.

Wie Sie all diese Merkmale in kurzer Zeit verinnerlichen:
Auf den letzten Seiten haben Sie viele Fakten erfahren und Ihre Menschenkenntnis erweitert. Um das Training zu beginnen, nehmen Sie sich einen Spiegel oder ein Foto von sich und analysieren Sie sich selbst. Bei manchen Punkten könnte es passieren, dass Sie nicht zustimmen. Hier prüfen Sie bitte, weshalb Sie der Meinung sind. Lag es an Ihrer Erziehung? Haben Sie sich manches Verhalten selbst ab- oder antrainiert? Vielleicht erinnern Sie sich an alte Wünsche, die Sie als Flausen im Kopf abgetan haben. Anstatt das VWL-Studium oder die Lehrstelle damals anzutreten, hätten Sie vielleicht lieber Musik oder Kunst studiert? Genau das meine ich mit Potenzialanalyse. Es hat nichts damit zu tun, dass ich Sie auffordern will, Ihren Beruf an den Nagel zu hängen. Vielmehr bekommen Sie ein Verständnis dafür, warum Sie bei manchen Entscheidungen zögerlich sind. Und das ist eine Menge wert. „Reife besteht darin, dass einer nicht mehr auf sich hereinfällt“, formulierte Heimito von Doderer diese Erkenntnis treffend.

Im Anschluss an Ihre Selbsteinschätzung nehmen Sie sich für ein paar Tage einen oben beschriebenen Bereich vor und beobachten Ihre Mitmenschen – einen nach dem anderen. Nach ein paar Wochen sind Sie super darin, Ihr Gegenüber einzuschätzen. Sie werden sehen, dass es viel einfacher ist, als Sie jetzt denken.

Viel Spaß!

Modul 4: Bildanalyse – … mehr als 1000 Worte

Ein Bild sagt mehr als 1000 Worte

Vor vielen Jahren bat mich eine liebe Kollegin, ein Bild zu zeichnen. Dieses Bild sollte sieben bestimmte Symbole beinhalten: eine Sonne, ein Haus, einen Baum, einen Zaun, einen Weg, eine Schlange und eine Axt. In nur einer Minute sollte das Bild fertig sein. Los ging's und nach Ablauf der Zeit gab ich ihr voller Stolz meine kleine Skizze. Es war alles andere als ein Meisterwerk, aber darauf kam es ihr nicht an. Was dann geschah, hat mich nicht nur nachhaltig beeindruckt, sondern meine Arbeit als Coach gravierend beeinflusst.

Meine Kollegin analysierte mein Bild und gab mir eine ziemlich genaue Beschreibung meiner derzeitigen Situation. Ich hörte Aspekte über meine Person, die ich nicht treffender hätte formulieren können. Sie informierte mich über meine Persönlichkeitsmerkmale, mein Verhalten in beruflichen oder privaten Beziehungen, meinen momentanen Energiehaushalt, darüber, wie ich Entscheidungen treffe, wo meine derzeitigen Probleme waren und vieles mehr. Das alles in nur etwa fünf Minuten.

Ich war von der hohen Trefferquote überwältigt. Unfassbar, was sie aus dieser Kritzelei über mich erfahren hatte. Hätte ich dieses Bild gemalt, wenn ich vorher gewusst hätte, wie genau sie mir damit in die Seele schauen kann? Wollte ich mir so zielsicher in die Karten gucken lassen? Egal, jetzt war's rum! Sofort ließ ich mir erklären, wie sie das gemacht hatte …

Dieses Instrument der Bildanalyse nahm ich mit nach Hause und probierte es in der kommenden Zeit bei vielen Menschen aus, die mir über den Weg liefen. Nach wenigen Wochen begann ich, in Coachings mit Klienten, auf Messen mit der Laufkundschaft und in meinen Seminaren Bilder auszuwerten. Wie schnell ich mit dieser Methode ein umfassendes Bild der Menschen gewinnen konnte, hätte ich mir vorher nicht träumen lassen. Durch den Einsatz der Bildanalyse im Coaching kann ich innerhalb der ersten fünf Minuten mehr über meine Klienten und ihre momentane Situation erfahren, als wenn ich viele Fragen stellen würde. Das spart dem Klienten viel Zeit. Zudem tritt noch ein viel entscheidenderer Effekt ein. Es entsteht zusätzlich deutlich schneller und intensiver eine vertrauensvolle und wechselseitige Beziehung zum Gegenüber, die in der Psychologie *Rapport* genannt wird. Für diejenigen Leserinnen und Leser, die sich für das Thema Aufbau von Rapport interessieren, habe ich Wesentliches im Anhang näher beschrieben.

Diese natürliche Verbindung und das dadurch entstandene gesunde Gefälle, das zwischen Coach und Klient erst aufgebaut werden muss, werden nun im Nu erzeugt. Meinen Expertenstatus, den ich mir vorher durch langes Präsentieren meines Fachwissens bei Klienten erarbeiten musste, erhielt ich nun durch den Wow-Effekt innerhalb von wenigen Minuten.

Auch Ihnen wird dieses Werkzeug sehr hilfreich sein. Sei es, dass Sie als Personalchef effektiv und schnell die richtigen Mitarbeiter in bestimmte Teams rekrutieren wollen oder als Führungskraft Mitarbeiter zügig in die nächste Entwicklungsstufe führen möchten. Eines ist sicher: Es geht schnell!

Aus einer einzigen Zeichnung erfahren Sie mehr von einer Person, als wenn Sie viele Fragen stellen und bei jeder Antwort überprüfen müssen, ob Ihr Gesprächspartner Ihnen die Antwort schönt. Darum gilt folgendes Gebot: Lassen Sie sich das Bild zeichnen, aber erzählen Sie niemals alles, was Sie sehen! Sprechen Sie nur über Dinge, die relevant für Ihr momentanes Gespräch sind. Es könnte Ihren Status als leuchtendes und wertvolles Vorbild im Nu zerstören, wenn Sie über diese Grenze treten. Seinen Sie integer und nutzen

Sie das erworbene Wissen über die momentane Situation der Person nicht aus. Zum Beispiel gehen Sie niemals in einem Entwicklungsgespräch mit einer Mitarbeiterin auf ihre momentane private Situation ein. Es würde das Vertrauen, das sie in Sie investiert, sofort demontieren.

Die Bildanalyse ist schnell zu lernen. Was etwas Erfahrung benötigt, ist die Gesprächsführung. Diese gehen wir in allen bedeutsamen Punkten durch, denn es ist mir wichtig, dass Sie mit diesem wertvollen Instrument fachgerecht arbeiten können.

Wie schnell das geht, möchte ich Ihnen jetzt anhand Ihres eigenen Bildes zeigen. Gehen Sie dazu jetzt auf die nächste Seite, nehmen Sie einen Stift und zeichnen Sie ein Bild aus den fett gedruckten Dingen. Zeichnen Sie das Bild innerhalb einer Minute – nicht länger! Halten Sie die Zeit genau ein und verstricken Sie sich nicht in Details. Je weniger Sie überlegen, desto mehr spiegelt das Bild Ihre momentan empfundene Situation wider. Je länger Sie herummalen, umso stärker setzen Sie Ihren Verstand dabei ein. Und den brauchen wir hier gerade gar nicht. Oft kommt der Gedanke auf, dass man ja gar nicht zeichnen könne. Lassen Sie sich von diesen unsinnigen Überzeugungen nicht ablenken. Es geht nicht darum, einen Preis zu gewinnen, sondern darum, etwas aus Ihrem Unterbewusstsein ans Tageslicht zu befördern. Legen Sie los! Die Zeit läuft …

Ich wünsche Ihnen viel Freude bei der Analyse Ihrer ersten eigenen Zeichnung.

Ihre 1. eigene Zeichnung:

Bitte zeichnen Sie innerhalb einer Minute ein Bild, in dem folgende Dinge vorkommen. Die Reihenfolge, in der Sie die Symbole zeichnen, spielt keine Rolle:

Baum, Haus, Weg, Sonne, Zaun, Schlange, Axt

Der erste Schritt ist getan und sicher sind Sie gespannt, wie Ihre erste Analyse aussieht. Ich stelle Ihnen nun eine grobe Übersicht des Systems und der einzelnen Symbole vor. (Zu Beispielen der Bildanalyse komme ich später.)

- *Der Baum:* Er steht generell für Ihr Verhalten in beruflichen oder privaten Beziehungen. Sie bringen mit Ihrer Zeichnung des Baumes zum Ausdruck, ob Sie gerne ein harmonisches Miteinander erleben möchten, ob Sie in der Lage sind, Konflikte auszutragen oder sich bei Unstimmigkeiten eher zurücknehmen, und wie wichtig Ihnen Beziehungen in Ihrem Leben generell sind.
  Wenn Sie in einer Partnerschaft leben, bringen Sie mit dem Baum zum Ausdruck, wie Ihre Partnerschaft momentan funktioniert oder wie Sie sich eine erfüllte Partnerschaft wünschen, wenn Sie nicht liiert sind.
- *Das Haus:* Mit dem Haus teilen Sie ganz persönliche Informationen über sich selbst mit. Es gibt Hinweise, ob Sie sich gerne ausschließlich in einer bestimmten Rolle zeigen und sich nicht gerne in die Karten schauen lassen. Sind Sie der Typ, dem andere gleich ansehen, wie es ihm geht, schon wenn Sie zur Tür hereinkommen? Bleiben Sie bei Gesprächen gerne an der Oberfläche und lieben Small Talk oder gehen Sie gerne unmittelbar in tiefsinnige Unterhaltungen? Das von Ihnen gezeichnete Haus liefert Erkenntnisse über Ihr momentanes Selbstwertgefühl.
- *Der Weg:* Er symbolisiert Ihre derzeitige Kommunikationsfähigkeit. Kommen Sie in Gesprächen schnell auf den Punkt? Benötigen Sie ein paar Gedanken mehr, bis Sie die richtigen Worte gefunden haben? Lassen Sie sich bei einer Unterhaltung ablenken und kommen vom Hundertsten ins Tausendste? Vielleicht mögen Sie auch nur das Allernötigste besprechen und überlassen große Worttiraden (wortgewaltige Reden) lieber anderen?

Sprechen Sie gerne über sich selbst oder lenken Sie von sich ab? Wie lange darf ein Gespräch mit Ihnen dauern?

- *Die Sonne:* Sie zeigt sehr zuverlässig Ihren momentanen Energiehaushalt. Damit nicht genug: Wir erkennen an ihr, ob Sie sich schnell oder langsam entscheiden und was Ihnen aktuell wichtig ist. Sind Sie ein Durchhaltestratege und lassen sich durch nichts von einer Sache abbringen? Oder sind Sie eher wenig begeisterungsfähig und müssen den inneren Schweinehund sehr schwer überwinden? Diese gegensätzlichen Eigenschaften liefert uns die Analyse. Entscheidend ist, wie Sie die Sonne zeichnen. Sogar *für welchen Bereich* Sie in Ihrem Leben einen langen Atem haben oder nicht, verrät uns Ihre Interpretation der Sonne.
- *Der Zaun:* Mit ihm drücken Sie aus, wie heilig Ihnen Ihre Persönlichkeitsrechte sind. Wie gut können Sie sich von anderen Menschen abgrenzen? Wie gehen Sie mit um Hilfe bittenden Kollegen um? Es lässt sich erkennen, ob Sie sich schnell überreden lassen oder nicht und wie Sie mit Menschen umgehen, die Ihnen unerwünscht zu nahe kommen.
- *Die Schlange:* Die Schlange zeigt an, in welchem Bereich momentan Ihre Leidenschaft zu finden ist. Jeder Mensch hat mindestens ein Thema, dem er sich voller Hingabe widmet.
- *Die Axt:* Dieser Aspekt zeigt an, wo in Ihrem Leben gerade ein Ungleichgewicht herrscht. Gibt es Probleme, wird sie uns verdeutlichen, wo das generelle Problem liegt. Aber auch, wo Ihr Herzblut zu finden ist. Die Axt kann beides anzeigen und muss deswegen hinterfragt werden. Dazu kommen wir später noch.

Spätestens jetzt wird deutlich, dass diese Bildanalyse eine geübte Kommunikation erfordert. Wäre es so einfach, würde ich kein ganzes Modul über diese Methode schreiben.

Dann würde es reichen, wenn Sie einen kleinen Handzettel bekämen, auf dem steht: *Baum: Beziehungen, Sonne: Energiehaushalt, Haus: Persönlichkeit etc.*

Ein verantwortungsvoller Umgang mit dem Privatleben anderer, der niemanden verletzt, ist die Voraussetzung für den Umgang mit solchen Methoden. Im Internet kursieren Geschichten, in denen Lehrer ihre Schüler dieses Bild malen ließen und dann fatalerweise noch falsche Hinweise und falsche Zuordnungen machten.

Solch eine Bildanalyse liefert keinesfalls eine Zukunftsperspektive des Zeichners, sondern zeigt dessen IST-Zustand und seine momentane Lebenssituation. Liefern Sie eine falsche Interpretation, verlieren Sie schnell Rapport und Ansehen. Deshalb ist es erforderlich, dass wir uns nicht nur der Beurteilung der Symbole widmen, sondern auch der Gesprächsführung.

Es macht einen Unterschied, ob Sie die Bildanalyse zur Unterhaltung im Privaten oder für berufliche Zwecke nutzen. Wenn Sie Übung haben, wird sie Ihnen unendliche Möglichkeiten bieten, Ihre Mitarbeiter zu fördern und eine echte Hilfe sein. Zudem bietet sie die beste Möglichkeit, einen Bewerber im Bewerbungsgespräch in kürzester Zeit kennenzulernen und festzustellen, ob er in dieses Team passt, für das er sich beworben hat, ungeachtet seiner beruflichen Qualifikation. Toll, oder?

Was Sie aus diesen Symbolen alles ablesen können

Grundsätzlich können wir wie beim Face-Reading erkennen, dass dem Zeichner ein Aspekt zurzeit wichtig ist, je größer und dominanter er ihn gezeichnet hat. Je größer, desto raumfordernder – nicht nur auf dem Papier, sondern auch im Kopf.

Unser Unterbewusstsein sendet an unseren bewussten Verstand Informationen. Diese sind codiert und führen manchmal zu Missverständnissen. Hin und wieder berichten mir Klienten, dass sie häufig vom Tod träumen und sich danach große Sorgen um ihr leibliches Wohl machen. Dabei bedeutet der Traum vom eigenen Tod lediglich einen Neustart im Leben, mit dem sich der Träumer gerade beschäftigt. Genauso kann man diese sieben Symbole ebenfalls falsch deuten. Psychologen und Gelehrte haben diese Symbolik ausgewertet und festgelegt. Das Geschlecht spielt hierbei eher eine untergeordnete Rolle. Denken Sie daran: es gibt auch Frauen vom Mars und Männer von der Venus.

Schauen wir uns nun die einzelnen Teile einmal an.

Der Baum – Beziehungen und Partnerschaft:

Wie oben bereits beschrieben, symbolisiert der Baum die momentane Empfindung von Beziehungen. Er ist eine ganz allgemeine Darstellung, wie sich der Zeichner in Anwesenheit anderer Menschen verhält. Er spiegelt sowohl das Privatleben als auch die beruflich empfundene Situation wider. Hier zeige ich Ihnen die vier meistgezeichneten Bäume.

1. Der schöne wolkige Laubbaum (Abb. 35):

Allgemein gelten Rundungen und Kreise als beruhigend und harmonisierend. Deshalb verwundert es auch nicht, dass ein Wolkenbaum aus einer momentanen harmonischen Stimmung entstammt. Diese Menschen neigen dazu, harmonische Beziehungen zu führen. Sie mögen es in aller Regel, konfliktfrei mit anderen in Kontakt zu treten. Sie mögen Geselligkeit und gute Laune. Das heißt aber auch, dass sie vorzugsweise Konflikte vermeiden, wann immer es möglich ist. Eigene Wünsche und Interessen stellen sie lieber hinten an, um die Harmonie nicht zu gefährden.

Abbildung 35: wolkiger Laubbaum

Abbildung 36: Laubbaum mit Ästen

Abbildung 37: Nadelbaum

Abbildung 38: Toter Baum

Abbildung 39: Baumstumpf

Wird der Wolkenbaum mit Ästen gezeichnet, wie in Abbildung 36 dargestellt, ist das ein Hinweis darauf, dass dieser Zeichner im Laufe seines Lebens gelernt hat, Konflikte anzusprechen, um Harmonie wieder herzustellen. Dann werden Kompromisse ausgearbeitet.

2. Der Nadelbaum (Abb. 37):
Diese Form der Darstellung eines Baumes ist seltener. Ganz anders als beim Laubbaum meiden diese Menschen Konflikte nicht. Sie konfrontieren ihr Gegenüber selbst mit belanglosen Fehlern. Alles wird thematisiert. Sie neigen in einer Gruppe zu Rechthaberei. Beziehungen werden erst vorsichtig begutachtet, ob es sich lohnt, näheren Kontakt zuzulassen. Sie scheuen zwar keine Menschenmassen, lassen aber trotzdem nicht jeden an sich heran.

3. Der tote Baum (Abb. 38):
Hier handelt es sich um die Darstellung einer sehr unzufriedenen Beziehungssituation. Entweder herrscht Unzufriedenheit über die Zustände in der Arbeit oder im Privatleben. Die Beziehung (beruflich oder privat) ist also entweder im „Winterschlaf" oder bereits innerlich beendet. Beziehungen sind dieser Person schon sehr wichtig und sie hätte gerne Harmonie, doch im Moment ist absoluter Unmut zu vernehmen. Beruflich besteht bereits die innere Kündigung, es gibt keine Verbundenheit mehr mit dem Unternehmen: Ausweglosigkeit, Resignation, Unmut, Wut.

Herunterfallende Blätter oder einzelne Blätter am Baum könnten Hinweise darauf sein, dass dieser Zustand erst vor Kurzem eingetreten ist.

4. Baumstumpf (Abb. 39):
Hierbei handelt es sich um einen nicht verarbeiteten Verlust einer Beziehung. Denkbar wäre der Tod eines nahen Angehörigen, ein schmerzhaftes Ende einer Partnerschaft

oder eine unschön beendete Arbeitsbeziehung wie beispielsweise eine fristlose Kündigung, die noch in den Knochen steckt oder Ähnliches.

Das Haus – das Symbol der eigenen Person:

Dieses Symbol zeigt, wie sich der „Künstler“ selbst sieht, quasi zeichnet er sein eigenes Zuhause und was er also von sich preisgeben möchte.

1. Vorderansicht ohne Fenster und Tür (Abb. 40):
Zeichnet jemand nur eine Vorderansicht, möchte er von seiner Umwelt nur in einer ganz bestimmten Rolle gesehen werden. Er präsentiert sich gerne, braucht eventuell eine *Bühne* und ist in einer Gruppe in der Lage, sich Gehör zu verschaffen. Stilles Dasitzen liegt ihm nicht unbedingt. Von sich wird er nichts preisgeben. Er ist ein Weltmeister im Small Talk, Oberflächlichkeit ist das Ziel. Er ist vielleicht der geborene Verkäufertyp, der durch Small Talk guten Kontakt mit seinen Kunden erzeugen kann und genau auf deren Bedürfnisse eingeht. Wie es hinter den Kulissen aussieht, geht niemanden etwas an, so seine Meinung. Diese Person liebt *selektive Kommunikation*, wie ich es im Modul *Vorbild* beschreibe.

2. Fenster und Türen (Abb. 41):
In dieser Zeichnung sind Fenster und Tür enthalten. Auch diese Person präsentiert sich auf eine bestimmte Art und Weise gerne. Sie gewährt im Gegensatz zum anderen Bild Einblick ins Innere. Ein Vorhang lässt darauf schließen, dass diese Person in der Lage ist, schweigen zu können und sich abzuschotten. Sie sucht sich also die Menschen aus, mit denen sie über Interna spricht.

Abbildung 40: Haus ohne Fenster und Tür

Abbildung 41: Haus mit Fenster und Tür

Abbildung 42: Haus mit vergitterten Fenstern

Abbildung 43: dreidimensionale Zeichnung des Hauses

3. Schornstein:
Hin und wieder sieht man einen Schornstein auf dem Dach des Hauses. Manchmal mit aufsteigendem Rauch und manchmal ohne. Der Zeichner drückt damit eine bestimmte Form von Sozialverhalten aus. Es ist ihm wichtig, dass er herzlich auf andere zugeht. Mit einer eigenen Art von Wärme begegnet er Menschen. Fehlt der Rauch im Bild, deutet das auf einen hochemotionalen Zustand hin, der

das Ausdrücken von Herzlichkeit momentan nicht möglich macht. Man könnte auch sagen: Im Moment ist der Ofen aus!

4. Dachvorsprung und/oder vergitterte Fenster: (Abb. 42): Schauen Sie sich nun Abbildung 42 an. Hier wurden die Fenster vergittert und ein großer Dachvorsprung gezeichnet. Diese Darstellung weist darauf hin, dass ein erhöhtes Sicherheitsbewusstsein besteht. Damit meine ich nicht, dass der Zeichner unbedingt ängstlich sein muss. Vielleicht ist er auch nur in Sicherheitsfragen sehr genau (Bodyguard, Sicherheitsbeauftragter, Chauffeur etc.). Von Aktien lässt er die Finger, er ist der typische Sparbuch-Sparer.

5. Dreidimensionale Ansicht (Abb. 43):
Wird ein Haus dreidimensional wie in Abbildung 43 gezeichnet, kann man davon ausgehen, dass sich die betreffende Person schnell auf tiefsinnige Gespräche einlässt. Small Talk wird kurz gehalten oder sogar vermieden. Viele Fenster und große Türen lassen auf einen offenen und neugierigen Typ schließen, der sein Herz manchmal auch auf der Zunge trägt. Er informiert jeden, wie es ihm im Augenblick geht. Kommt er morgens in die Firma, erkennt man seine Stimmungslage auf den ersten Blick.

6. Fenster im Dach:
Sie sind Hinweise darauf, dass für den Zeichner Spiritualität in irgendeiner Weise eine Rolle spielt. Es muss sich nicht unbedingt um einen ausgesprochenen Kirchgänger handeln. Es könnte auch erhöhte Kreativität oder eine Affinität zu Mentaltraining oder Meditation bestehen. So manchem ist es vielleicht nicht bewusst. Fragt man ihn, ob Bewunderung für einen Zauberkünstler oder einen Showhypnotiseur besteht, bekommt man sicher ein „Ja“ als Antwort.

Der Weg – Kommunikation:

Der Weg ist das Zeichen für Kommunikationsfähigkeit. Auch hier wieder der Hinweis: Je größer und länger der Weg, desto mehr wird geredet. Manchmal wird er vergessen, was darauf schließen lässt, dass der Mund weitestgehend zur Nahrungsaufnahme verwendet wird. Auch hier gibt es wieder ein paar interessante Kreationen von Klienten, die ich Ihnen beschreiben möchte.

1. Schlangenlinienweg (Abb. 44):

Wird der Weg in Schlangenlinien gemalt, mag der Zeichner viel und über mehrere Themen sprechen. Es ist ihm nicht wichtig, ein bestimmtes Ziel zu verfolgen. Sein Ziel ist, zu kommunizieren. Wenn er eine bestimmte Sache ansprechen soll, ringt er nach Worten und beschreibt dabei ganz viele Einzelheiten, die auch blumig ausgeschmückt werden. Er hat das Empfinden, dass jemand böse mit ihm ist, wenn nichts gesprochen wird. Die Stille wirkt bedrohlich für ihn. Die Person ist dann ihren Gedanken schutzlos ausgeliefert – der Kopf droht zu platzen. Nähe erlebt sie nur über das Gespräch. Höchstwahrscheinlich handelt es sich nicht um einen Morgenmuffel! Es würde mich auch nicht wundern, wenn so jemand unter der Dusche singt.

2. Gerader Weg (Abb. 45):

Abbildung 45 zeigt die Darstellung von zielgerichteter Kommunikation. Dieser Zeichner weiß genau, worüber er redet. Er weiß meistens auch, wie lange diese Unterhaltung sein wird. Er liebt Pünktlichkeit und hasst nichts mehr, als wenn jemand im Gespräch nicht „zu Potte" kommt. Klare Kommunikation ist ihm wichtig. Das heißt nicht, dass das Gespräch kurz sein muss. Aber es muss ihm einen geistigen Nährwert liefern. Bei interessanten Infos hört er gerne zu. „Rumeiern" und „Geschwafel" empfindet dieser Mensch als abstoßend.

Abbildung 44: geschlängelter Weg

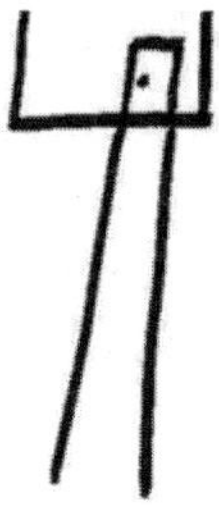

Abbildung 45: gerader Weg

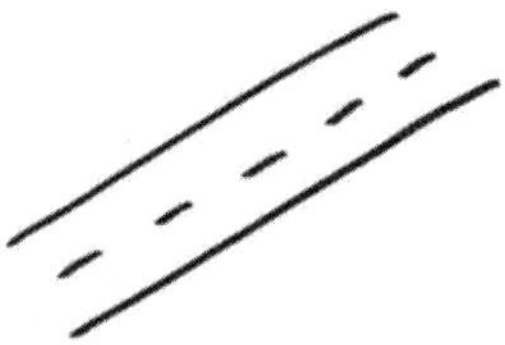

Abbildung 46: gerader Weg mit Mittellinie

Abbildung 47: kombinierter Weg

Wenn wie in Abbildung 46 eine Mittellinie in dem Weg eingezeichnet wurde, ist dem betreffenden Menschen Dialog sehr wichtig. Bei einem Monolog würde sich diese Person nicht wertgeschätzt fühlen. Der Zeichner dieses Bildes achtet bei seinem Gesprächspartner verstärkt auf Feedback – verbal mit „ahaa“, „hmm“, „ja, so sehe ich das auch“ oder nonverbal mit Blickkontakt, Kopfnicken etc.

3. Kombination Schlangenlinienweg/gerader Weg (Abb. 47):

Es kann passieren, dass der Zeichner am Haus mit einem Schlangenlinienweg oder einer Kurve beginnt, der bzw. die dann in einen geraden Weg übergeht. Das ist ein deutlicher Hinweis darauf, dass er Schwierigkeiten hat, auf den Punkt zu kommen. Der Zeichner weiß nicht, wie er das Thema ausdrücken soll und möchte nicht verletzen, oder aber er hat Angst vor unerwünschten Reaktionen. Entgegengesetzt dazu gibt es eine Darstellung, die mit einem geraden Weg beginnt und mit einer Kurve oder Schlangenlinie endet. Hier kommt es nach zielstrebiger Kommunikation zum Verlust eines klar definierten Endes des Gespräches. So mancher Gesprächspartner kann sein Verhalten als Zeitverschwendung empfinden.

Die Sonne – Eigenenergieversorgung:

Welches Symbol könnten wir uns besser für den eigenen Energiehaushalt vorstellen als die Sonne? Gebetsmühlenartig behaupte ich: große Sonne – viel Energie, kleine Sonne – wenig Energie. Und jetzt gibt es wieder ein paar beachtenswerte Besonderheiten. Können Sie sich vorstellen, was ausgedrückt werden soll, wenn die Sonne nur zum Teil gezeichnet wird und welche Symbolkraft die Strahlen der Sonne haben? Sehen Sie selbst.

1. Ecksonne (Abb. 48):

So eine „Ecksonne", die nur einen Bruchteil der Sonnenenergie darstellt, spricht für momentane Ermüdung. Zu hinterfragen wäre, ob der Zustand bereits längere Zeit besteht, wie bei jungen Eltern, oder ob es sich nur um eine kurz andauernde stressige Situation handelt. Beeindruckt sind die Leute immer, wenn Sie sie fragen, ob sie heute Nacht nicht

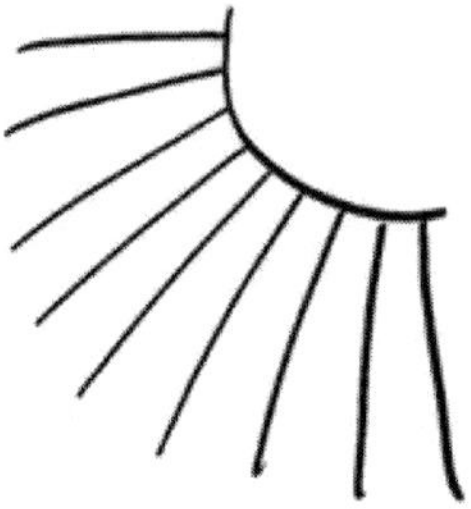

Abbildung 48: Ecksonne

Abbildung 49: unterbrochene Sonnenstrahlen

Abbildung 50: Kombination lange und kurze Sonnenstrahlen

Abbildung 51: direkt angesetzte Sonnenstrahlen

Abbildung 52: mit Abstand angesetzte Sonnenstrahlen

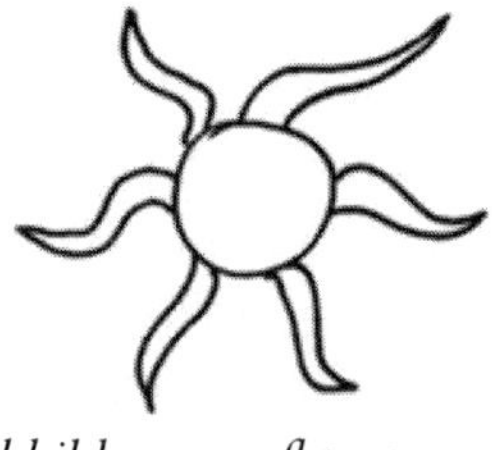

Abbildung 53: flammende Sonnenstrahlen

gut geschlafen haben. Da kommt sofort die Frage zurück: „Woher wissen Sie das?“ Vielleicht können Sie klären, was zu diesem Energieverlust geführt hat. Sicher gibt es Ideen, die zur Verbesserung führen, wenn Sie darüber sprechen. Ausreichender Schlaf ist essenziell – das weiß jeder.

2. Länge der Sonnenstrahlen:
Auffällig lange Sonnenstrahlen sind ein Zeichen für echtes Durchhaltevermögen. Je nachdem, wohin die Strahlen zielen, werden Sie erkennen, auf welchen Bereich im Leben dieser Zeichner seine Beständigkeit ausrichtet. Diese Menschen sind in der Regel von Haus aus treu und loyal.

Unterbrochene lange Sonnenstrahlen wie in Abbildung 49 deuten darauf hin, dass auf dem Weg zum Ziel immer wieder Unterbrechungen der Motivation und Ablenkungen zu erwarten sind, die aber aus der Erfahrung heraus selbstständig zu überwinden sind. Dieser Mitarbeiter hat besondere Widerstände zu überwinden, um an einem Thema für längere Zeit zu arbeiten. Dafür kann er sich sehr gut in Menschen hineinversetzen, denen es genauso geht. Solche Mitarbeiter sind die geborenen Motivatoren. Denn aus eigener Erfahrung wissen sie, wie man sich und andere neu aktiviert, um Ziele zu erreichen.

Kurze Sonnenstrahlen hingegen weisen auf Begeisterungsfähigkeit hin. Brauchen Sie jemanden im Team, der Ihre Ideen weiterleitet und andere für die Sache begeistert? Dann ist das genau die richtige Person.

Der Zeichner kurzer Sonnenstrahlen braucht allerdings ständig Hilfe von außen, um an einer Sache dranbleiben zu können. Das kann er nicht allein. Dieses Bild weist auch darauf hin, dass der Zeichner jede Entscheidung nach kurzer Zeit bereut – jede! Er wird sich ständig die Frage stellen, was wohl passiert wäre, wenn er die andere Wahl getroffen hätte. Selbstzweifel steht an der Tagesordnung.

Eher selten wird die Kombination von langen und kurzen Sonnenstrahlen gezeichnet. Hier entscheidet das Thema über die Beharrlichkeit. (Und natürlich die Längsfalte mittig zwischen den Augen.)

3. Strahlensitz:
Manche Zeichner setzen den Beginn der Sonnenstrahlen direkt an der Sonne an, wie in Abbildung 51 zu erkennen ist. Es deutet darauf hin, dass der Zeichner sehr genau arbeitet und gut organisiert ist. Entscheidungen trifft er sicher und relativ rasch. Häufig findet man diese Symbolik auch in Kombination mit langen Strahlen, was sein Durchhaltevermögen unterstreicht. Allen Widrigkeiten trotzend wird das Vorhaben jetzt umgesetzt – komme, was wolle!

Leistet sich der Zeichner einen Abstand vom Sonnenstrahl zur Sonne wie in Abbildung 52, leistet er sich auch vor Entscheidungen eine ausreichende Bedenkzeit. Das kann bis zur Entscheidungsschwierigkeit gehen. Kombiniert mit kurzen Strahlen bedeutet eine solche Sonne, dass er nach kurzer, aber schwieriger Entscheidungsfindung eine Entscheidungsreue empfindet, wie ich sie bereits oben beschrieben habe. Positiv daran ist, dass die Person sich leichttut, sich wieder umzuentscheiden, wenn klar ist, dass die Alternative doch besser gewesen wäre.

4. Flammende Sonnenstrahlen (Abb. 53):
Diese Form der Sonnenstrahlen lässt die Interpretation zu, dass dieser Zeichner Feuer fängt, wenn er sich einmal für eine Sache entschieden hat. Im Gegensatz zum Durchhaltestrategen mit den langen Strahlen kommt hier noch eine stark emotionale Komponente der Umsetzung zum Tragen. Er kann Dinge nur anfangen und beenden, wenn Leidenschaft im Spiel ist. Erlischt das Feuer oder sinkt der Enthusiasmus, lässt in gleichem Maße auch die Motivation nach, weiterzumachen.

Der Zaun – Abgrenzung:

Das Symbol für Abgrenzung schlechthin ist der Zaun. Er zeigt auf, wovon sich der Zeichner abgrenzen möchte. Schauen Sie sich einmal Ihren gezeichneten Zaun an. Wo haben Sie ihn platziert? Wie hoch ist er? Hat er eine Lücke oder ist er durchgängig? Welchen Zaun haben Sie gemalt? Was ist wie intensiv zu schützen? Und ich wette, es spiegelt genau Ihre Werte wider.

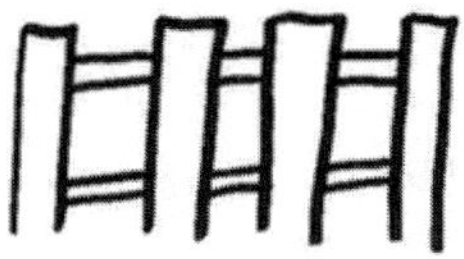

Abbildung 54: Weidezaun

Abbildung 55: Jägerzaun

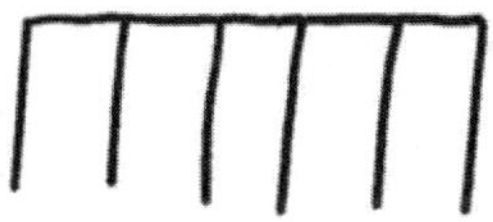

Abbildung 56: Bretterzaun

1. Position des Zauns:

Befindet sich der Zaun um den Baum und das Haus herum, haben wir es mit einem familienorientierten Menschen zu tun. Wenn keine Familie in der Realität besteht (Singles), kann auch der Wirkungskreis wie beispielsweise das Team und das Unternehmen dafür stehen. Die Höhe des Zauns verrät den Grad der Loyalität. Ist der Zaun ganz durchgezogen, werden unangemeldete Besuche meist unerwünscht sein. Dann gilt Familie oder die stellvertretende Beziehung als Rückzugs- und Erholungsort – frei nach dem Motto: My home is my castle.

Wird der Zaun zwischen Baum und Haus gesetzt, wünscht sich der Zeichner etwas mehr Distanz oder braucht mal vom Partner seine Ruhe.

2. Der Weidezaun (Abb. 54):

Hier handelt es sich um eine Grenze, die aber offen gestaltet ist. Die Person hat einen lockeren und flexiblen Umgang mit

Nähe und Distanz. Sie bestimmt, wann und wie lange die Nähe besteht und hat dann auch keine großen Hemmungen zu vermitteln, dass jetzt der Zeitpunkt gekommen ist, wieder allein sein zu wollen.

3. Der Jägerzaun (Abb. 55):
Haben Sie als Kind schon mal versucht, über einen Jägerzaun zu klettern? Ging das einfach oder mussten Sie sehr vorsichtig sein? Genauso vorsichtig sollten Sie bei diesem Zeichner an seiner Grenze anklopfen. Dieser kann ziemlich schroff und ungehalten reagieren, wenn Sie seine Privatsphäre ungefragt betreten. Er ist in der Regel sehr direkt und informiert Sie umgehend über die Konsequenzen, wenn Sie ihre Grenzverletzung fortsetzen.

4. Der dichte Bretterzaun (Abb. 56):
Er liefert keine Sicht in den Vorgarten des Zeichners. Gibt es vielleicht Geheimnisse? Was hat er zu verstecken? Oder soll es nur heißen, dass absolut keine Störung gewünscht ist? Selbst der Zeichner kann nicht aus dem Bereich herausschauen und will das offensichtlich auch nicht.

5. Der auffällig niedrige Zaun:
Wird der Zaun sehr niedrig gezeichnet, besteht entweder der Wunsch nach Ablenkung von außen oder die Unfähigkeit, seinem Gegenüber mit klaren Worten Grenzen aufzuzeigen. Der Zeichner versucht es dann mit übertrieben freundlichen Worten oder lässt den Grenzübertritt einfach geschehen. Ihn zu etwas zu überreden, was er vorher abgelehnt hat, ist für andere ein Kinderspiel. Hinterher tadelt sich der Zeichner selbst für die fehlende Stärke.

Die Schlange – Leidenschaft und Enthusiasmus:

Die Schlange zeigt, wie wichtig dem Zeichner ein Thema ist. Ist die Schlange im oder am Baum, geht er leidenschaftlich gerne in Beziehung. Sie können sich seiner absoluten Loyalität im Team sicher sein. Manchmal erlebt man auch, dass die Schlange eingerollt beispielsweise neben dem Baum liegend gezeichnet wird. Das zeigt, dass momentan kein Wunsch nach Nähe oder Austausch besteht.

Abbildung 57: Schlange

Zur Verdeutlichung: diese Zeichnung stellt wie das gesamte Bild eine Momentaufnahme dar. Auch wenn sich die Schlange weit weg vom Baum befindet, heißt das nicht zwingend, dass der Zeichner kein Teamplayer ist. Es zeigt eher, dass er zurzeit mehr mit anderen Dingen beschäftigt ist.

Schlängelt sich die Schlange gerade auf dem Weg, ist derjenige offen und bereit, leidenschaftlich zu diskutieren.

Die Axt – Problem oder Unterbewusstsein?

Sie ist das einzige Symbol, dass zwei unterschiedliche Bedeutungen haben kann und deshalb im Analysegespräch zwingend hinterfragt werden muss. Einerseits steht die Axt für ein aktuelles Problem, je nachdem, wo sie sich im Bild befindet. Andererseits kann sie eine tiefe innere Verbundenheit oder unbewusste Anteile ausdrücken. Gehen wir hier einige Beispiele durch:

1. Die problematische Axt (Abb. 58):

Stellen Sie sich vor, die Axt steckt in einem Baumstumpf neben dem gezeichneten Baum. Das wäre ein deutlicher

Abbildung 58: Axt im Baumstumpf

Hinweis, dass eine alte Beziehung immer noch nicht abgeschlossen und problematisch ist. Hierbei kann es sich genauso um einen verstorbenen Angehörigen, eine alte Liebe oder um einen früheren Arbeitsplatz handeln.

In manchen Bildern sehen wir, dass der Kopf der Schlange abgeschlagen wird, was auf ein Problem mit körperlicher Nähe deutet. Hier wäre für Sie als Führungskraft Vorsicht geboten. Ein Schulterklopfer oder Ähnliches könnte als Übergriff gewertet werden. Der Zeichner empfindet Berührung als Körperverletzung. Wenn Sie so etwas wissen, können Sie sich sehr einfach darauf einstellen. Geben Sie diesen Mitarbeitern bei der Begrüßung lieber nicht die Hand oder klären es in einem kurzen persönlichen Gespräch ab. Die meisten sind dankbar dafür: Sie als Vorgesetzter würden in der Achtung enorm steigen.

Liegt die Axt auf dem Weg, besteht ein grundsätzliches Kommunikationsproblem. Sprechen Sie es an und Sie werden wertvolle Informationen sammeln können. Das Verständnis, das Sie hierdurch erlangen, hilft Ihnen, sich in diesen Mitarbeiter hineinzuversetzen und künftig anders zu reagieren. Vielleicht besteht auch die Notwendigkeit, das Problem zu lösen und jetzt in Absprache aktiv anzupacken. Sie wissen nun zumindest Bescheid und können sich womöglich frühere Reaktionen erklären.

Steckt die Axt im Baum, könnte es sein, dass es ein direktes Problem in einer Beziehung gibt. Hinterfragen Sie ganz offen, ob dieser Mitarbeiter mit jemandem aus dem Unternehmen ein Problem hat. Dann kann es gegebenenfalls gelöst werden.

Sollte die Axt im Haus stecken, gibt es ein offensichtliches Thema mit seinem Selbstwert. Ich stehe auf dem Standpunkt, dass es niemals so leicht war wie heute, sich Hilfe bei Selbstwertproblemen zu holen. Mit diesem Thema beschäftigen sich unzählige Bücher, man kann sich einen Coach suchen oder Ähnliches. Geben Sie Hilfestellung und zeigen Sie Lösungswege auf. Sie als Führungskraft haben sicher bereits Erfahrungen gemacht, das Problem in den Griff zu bekommen. Helfen Sie und berichten Sie von Ihren Erfahrungen, ohne zu vertrauliche Geschichten zu erzählen. Das schafft Vertrauen.

2. Die unbewusste Axt:
Die zweite Deutung der Axt ist tiefsinniger. Sie kann eine innige Verbundenheit ausdrücken. Steckt die Axt wie vorher beschrieben im Baum, könnte das ein Hinweis auf ein Problem mit einem Menschen sein. Genauso gut wäre auch denkbar, dass sich der Zeichner in besonderer Weise mit dem Partner oder dem Team verbunden fühlt. Das kann auch ein Zeichen von starker Loyalität bedeuten. Achten Sie darauf und hinterfragen Sie es im Gespräch. Bevor Sie also zu schnell urteilen, schauen Sie sich die Begleitumstände dieser Person an. Dann wird Ihnen einiges klar.

Eine brauchbare Frage wäre: „Fühlen Sie sich hier bei uns im Team wohl?" An der Reaktion Ihres Mitarbeiters mit seiner Mimik und Gestik erkennen Sie die Tendenz, ob es sich hierbei um ein Problem oder tiefe Verbundenheit handelt.

Allgemeine Hinweise

Ich gebe in der Regel bei Coachings ein DIN-A4-Blatt für die Zeichnung heraus. Die Größe der Zeichnung liefert bereits Hinweise auf das momentane Selbstbewusstsein des

Zeichners. Geht das Werk über das gesamte Blatt, lässt es auf ein ausgeprägtes Ich-Bewusstsein schließen. Jemand, der sich seiner selbst bewusst ist, also wer sich darüber im Klaren ist, was er kann und was seine Schwächen sind, dessen Gedanken haben auch Platz für große Zukunftsvisionen. Werden die sieben Symbole auf engstem Raum platziert, wird er auch in kleineren Dimensionen denken – auch über sich selbst.

Hin und wieder wird ein Rahmen um das Bild gemalt – ein wichtiger Anhaltspunkt. Dieser Zeichner benötigt Struktur und feste Regeln. Das Einhalten von gesellschaftlichen Grundritualen wie die Begrüßung am Morgen oder Groß-/Kleinschreibung bei Kurzmitteilungen sind einzuhalten, wenn Sie mit diesen Menschen zu tun haben. Wird etwas beiläufig erwähnt, wird es als Gesetz verstanden. Hier besteht also ein besonderer Klärungsbedarf.

Das mehrmalige Nachzeichnen von Symbolen zeigt uns, dass dieses Symbol besondere Bedeutung hat. Wird demnach die Axt stark hervorgehoben, wäre das als Aufschrei des Unterbewusstseins zu beurteilen, das Problem endlich zu bearbeiten.

Manchmal wird auch ein Symbol vergessen. Ist das die Axt, kann es möglich sein, dass Probleme grundsätzlich verdrängt werden. Fehlt hingegen das Haus, ist im Leben alles andere wichtiger als die eigene Person.

Bei halb gezeichneten Symbolen wie zum Beispiel einem halben Haus, kann vermutet werden, dass sich derjenige gerne versteckt oder im Hintergrund agiert. Wird der Baum halbiert, versteckt da eventuell jemand seine Familie. Es wäre auch denkbar, dass Beziehungen nur halbherzig geführt werden. Bei einem längs halbierten Weg könnte man darauf schließen, dass der Zeichner gerne kryptisch formuliert (Anglizismen, Ärztejargon, IT-Sprache).

Auf den kommenden Seiten habe ich Ihnen eine Zusammenfassung der Symbole und deren Bedeutung zusammengestellt. Sie finden diese auch auf meiner Website zum Download.

Zusammenfassung

Der Baum:

- *Wolkenbaum:*
  Wunsch nach *harmonischen* Beziehungen/Partnerschaften
  Geselligkeit und gute Laune
  Konflikte vermeiden, wo es geht
  eigene Wünsche und Interessen werden zurückgestellt
- *Wolkenbaum mit Ästen:*
  Konflikte werden angesprochen, um Harmonie wieder herzustellen
  eigene Interessen werden nicht mehr hintangestellt
- *Nadelbaum:*
  konfliktstark
  lässt nicht jeden an sich heran
  übergenaues Begutachten von Beziehungen
  stellt schnell gute Beziehungen in Frage
  neigt zur Rechthaberei
- *Toter Baum:*
  unzufriedene Beziehungssituation privat oder beruflich
  hätte gerne mehr Harmonie und leidet unter der Situation
  „Winterschlaf-Beziehung"
  beruflich: innere Kündigung, Ausweglosigkeit, Resignation, Unmut, Wut
  einzelne Blätter um den Baum herum oder am Baum: Situation besteht erst seit Kurzem
- *Baumstumpf:*
  nicht verarbeiteter Verlust einer Partnerschaft

Tod eines Angehörigen, der mental noch nicht abgeschlossen ist
unschönes Arbeitsende wie fristlose Kündigung etc.

Das Haus:

- *Vorderansicht ohne Fenster und Türen:*
  Weltmeister im Small Talk
  möchte in einer bestimmten Rolle gesehen werden
  wie es innen aussieht, geht keinen etwas an
  trotzdem extrovertiert; kann sich in einer Gruppe Gehör verschaffen
  braucht Aufmerksamkeit; vielleicht eine Plattform oder gar eine Bühne
- *Vorderansicht mit Fenstern und Türen:*
  ist offen, von sich etwas preiszugeben
  lässt bedingt teilhaben an emotionalen Stimmungen
  mit Vorhängen: sucht sich die Menschen aus, die Einblicke ins Innere erhalten
- *Dachvorsprung und/oder vergitterte Fenster:*
  erhöhtes Sicherheitsbewusstsein
  eher kein Aktienanleger, lieber Sparbuch oder Pfandanleihen
  muss nicht zwingend ängstlich sein!
- *Schornstein:*
  mit Rauch: herzliche Art, auf Menschen zugehen zu können
  ohne Rauch: der Ofen ist aus; momentane Situation lässt keinen Platz für innere Wärme
- *dreidimensionale Ansicht:*
  offener, neugieriger Typ
  führt gerne tiefsinnige Gespräche
  viele Fenster und Türen: trägt sein Herz auf der Zunge; jeder darf sehen, wie es ihm/ihr geht
- *Dachfenster:*
  hohe Kreativität

Spirituelles ist interessant: Mentaltraining, Meditation, Visionen, höhere Ziele
macht sich viele Gedanken

Der Weg:

- *Schlangenlinienweg:*
  viele Worte, wenig Inhalt
  Kommunikation ist das Ziel
  Nähe wird nur empfunden, wenn gesprochen wird
  Stille wirkt bedrohlich
  sicher ein Frühaufsteher
- *Gerader Weg:*
  zielgerichtete Kommunikation erwünscht
  wortgewaltige Ausschweifungen sind verhasst
  Freund von klaren und verständlichen Worten
  Zahlen, Daten und Fakten sind interessant
- *Mit Mittellinie:*
  Dialog erwünscht, Monolog verhasst
  im Gespräch Feedback geben und bekommen ist wichtig, verbal oder nonverbal
- *Kombination Schlangenlinienweg/gerader Weg:*
  - Schlangenlinienweg am Haus:
    weiß anfangs nicht, wie ein wichtiges Thema begonnen werden soll; ringt anfangs um Worte; Angst vor Reaktion des Gesprächspartners
  - Gerader Weg am Haus:
    weiß nicht, wie das Gespräch beendet werden soll; möchte das Gespräch nicht abrupt stoppen; neigt gegen Ende zum Zeitdiebstahl

Die Sonne:

- *Ecksonne:*
  zurzeit nur ein Bruchteil der Lebensenergie vorhanden
  je nach Lebensumständen dauert der Zustand an
- *Länge der Sonnenstrahlen:*

lang: Durchhaltevermögen; Beständigkeit; Loyalität
lang, unterbrochen: Motivationslücken bei der Umsetzung, kann sich immer wieder selbst aktivieren; kann andere hervorragend motivieren
kurz: Begeisterungsfähig, bringt kaum eine Sache selbstständig zu Ende; benötigt immer wieder Motivationshilfe von außen

- *Strahlensitz:*
  an der Sonne anliegend: arbeitet sehr gewissenhaft; gut organisiert; entscheidet relativ schnell
  Abstand zwischen Sonne und Strahlen: Entscheidungen brauchen Zeit; hinterfragt nach kurzer Zeit seine getroffene Entscheidung; kann gut loslassen und sich umentscheiden
- *Flammende Sonnenstrahlen:*
  schnelle Begeisterungsfähigkeit
  Ziele werden mit Leidenschaft umgesetzt
  sinkt der Enthusiasmus, sinkt auch die Motivation, weiterzumachen

Der Zaun:

- Symbol für den Umgang mit Abgrenzung
- *Weidezaun:*
  offene Abgrenzung
  flexibler Umgang mit Nähe und Distanz
  keine Hemmungen, einen Kontakt zu beenden
- *Jägerzaun:*
  kann bei Grenzübertretung ziemlich sauer werden
  sehr konsequent und schroff in der Kommunikation
  neigt dazu, andere zu verletzen
- *dichter Bretterzaun:*
  bewahrt seine kleinen Geheimnisse
  keine Störung von außen erwünscht
  braucht ganz viel Ruhe für den abgegrenzten Bereich
- *auffällig niedriger Zaun:*

entweder Wunsch nach Ablenkung
oder fehlende Kommunikationsstärke gegen Eindringlinge
lässt Grenzübertretung geschehen
die Person zu überreden, obwohl sie vorher verneint hat, ist einfach
tadelt sich hinterher dafür

Die Schlange:

- Symbol für Leidenschafts- und Begeisterungsfähigkeit
- *im und am Baum:* absolute Loyalität im Team
- *eingerollt:* derzeit im „Winterschlaf“, hält sich momentan von hitzigen Diskussionen fern
- *auf dem Weg:* offene Kommunikation und leidenschaftliche Diskussionsbereitschaft

Die Axt:

- Problem oder Unterbewusstsein – beide Aspekte sind denkbar. Bitte hinterfragen!
- Je nachdem, wo sich die Axt im Bild befindet, besteht das Problem oder die innige Verbundenheit.
- die Umstände der Person durchdenken und Kontrollfragen stellen
- Z.B. Axt im Baum: Beziehungsproblem oder tiefe Verbundenheit

Allgemeine Hinweise:

- Die Größe der Zeichnung zeigt das Selbstbewusstsein des Zeichners und die Größe seiner Visionen.
- Wird ein Rahmen um das Bild gezeichnet, sind dem Zeichner Struktur und Regeln wichtig.
- Symbole, die mehrmals nachgezeichnet werden, sind besonders wichtig für den Zeichner.
- Vergessene Symbole sagen aus, dass sie vom Zeichner verdrängt werden.

- Halbe Symbole deuten darauf hin, dass der Bereich gerne versteckt wird.

Ihre Selbstanalyse – Welche Übereinstimmungen finden Sie zu Ihrem Bild?

....

....

....

....

Bildanalyse an Beispielfällen

Die folgenden Bildanalysen sind Zeichnungen von Klienten. Wie bereits erwähnt, lasse ich aus Zeitgründen dieses Bild malen, um einen schnellen Einblick der momentanen Situation zu bekommen. Das spart mir nicht nur Zeit, sondern meinen Klienten auch viel Geld. Alle Informationen könnte ich auch durch Fragen erhalten, doch wenn der nächste Termin ansteht, ist Effektivität für alle Beteiligten attraktiv.

Sie als Führungskraft können von Ihren Mitarbeitern, zu denen Sie ein Vertrauensverhältnis haben, mit dieser Analyse einen guten Einzelgesprächseinstieg erzielen.

Schauen Sie, worauf ich bei diesen drei Klienten speziell eingegangen bin.

Beispielanalyse 1 (Abb. 59)

Abbildung 59

Bevor wir zur Analyse der Abbildung 59 kommen, gebe ich Ihnen ein paar Informationen zur Person des Zeichners. Der Klient ist männlich, Mitte 30, Vertriebsmitarbeiter.

Bei diesem Bild fällt auf, dass es sehr groß gezeichnet wurde. Es geht über die ganze DIN-A4-Seite. Das ist ein starker Hinweis auf ein ausgeprägtes Selbstbewusstsein und großes Denken mit großen Zielen. Der Baum steht mehr im Vordergrund und das Haus deutlich im Hintergrund, was darauf schließen lässt, dass die Pflege von Beziehungen große Bedeutung für diesen Vertriebsmitarbeiter hat. Gerne überzieht er die Arbeitszeit, um Kundenwünsche zu erfüllen. Das allerdings nur bis zu einem gewissen Maße, denn das Haus ist im Bild groß genug. Er steht auf dem Standpunkt, dass Beziehungen wachsen müssen. Sie bekommen dadurch erst Stabilität: Das macht er durch die eingezeichneten Wurzeln unten am Baum deutlich. Ganz offensichtlich besteht noch ein Problem mit einer alten Beziehung. Das ist deutlich erkennbar durch den mächtigen Baumstamm, der sich neben dem Baum befindet. Es ist ein Laubbaum, was darauf schließen lässt, dass er gerne ein harmonisches Miteinander pflegt. Durch die im Baum eingezeichneten Äste werden Probleme lieber gleich angesprochen und aus der Welt geräumt, bevor die Harmonie leidet. Das Haus hat auffällig viele Fenster. Das spricht für eine große Offenheit. Er gewährt gerne Einblick in sein Gefühlsleben. Andere werden ihm ansehen, wenn ihm etwas nicht passt oder er sich nicht so gut fühlt. Er kommuniziert gerne und viel und manchmal benötigt er mehr Worte als erforderlich, wenn er sich erst einmal in Rage geredet hat. Konfliktgespräche werden durch Einleitungsworte vorbereitet, die er sich gut zurechtlegt. Das erkennt man daran, dass der Weg vom Haus beginnt und dann eine Kurve macht. Sehen Sie das Dach des Hauses? Er überprüft gerne seine Gedanken. Diese werden durch die Dicke des Daches symbolisiert, sie benötigen scheinbar einen besonderen Schutz. Sicher wählt er seine Worte generell sehr gut aus, bevor er den Mund aufmacht. Der Dachvorsprung deutet ebenfalls darauf hin, dass hier jemand mit einem erhöhten Sicherheitsbewusstsein gemalt hat. Der lange Zaun im Hintergrund zeigt auf, dass sein Wirkungskreis groß genug sein muss, um sich wohlfühlen zu können. Diesen Menschen einzuengen, wäre nicht gut. Er würde mit seinem guten Selbstbewusstsein eher auf Konfrontation gehen, als zu fliehen. Die Sonne oben links in der Ecke zeigt, dass er etwas urlaubsreif zu sein scheint. Vielleicht war es auch nur eine anstrengende Woche. Sein absoluter Fokus besteht darin, Beziehungen zu pflegen. Er trifft sehr schnell Entscheidungen und hat ein mittleres Durchhaltevermögen.

All diese Angaben wurden von ihm persönlich bestätigt.

Beispielanalyse 2 (Abb. 60)

Abbildung 60:

Dieses Bild ist kleiner und kompakter gezeichnet worden. Die Zeichnerin hatte genau wie der vorher beschriebene Fall ein DIN-A4-Blatt zur Verfügung. Es handelt sich um die Zeichnung einer Mitarbeiterin, Mitte 20, in einem kleinen Unternehmen. Ihr Grund, mich zu konsultieren, war eine aktuelle Orientierungslosigkeit.

Jetzt mal Sie: was sehen Sie? Wo befindet sich die Sonne

und welche Merkmale stechen heraus? Wie sieht das Haus aus? Was fällt hierbei auf? Was sagen Ihnen Äpfel im Baum? Bitte lassen Sie dieses Bild ein paar Minuten auf sich wirken, bevor Sie weiterlesen.

Der erste Gesamteindruck ist, dass alles klein ausfällt. Das Selbstwertgefühl wäre demnach ausbaufähig und die Gedanken richten sich eher auf die momentane Realität. Große Zukunftsvisionen werden vermieden. Das Haus hat Fenster mit Gitterstäben. Sie sucht sich gezielt die Menschen aus, die hinter die Fassade blicken dürfen. Mein erster Satz in solchen Fällen: „Danke für Ihr Vertrauen! Ich weiß es zu schätzen!“ Sie möchte gerne eine bestimmte Seite von sich zeigen. Der andere Bereich ist nur für ihren Mann einsehbar (Baum). Das Familienleben wird behütet (Zaun). Es besteht ein starker Kinderwunsch (Früchte/Äpfel im Baum) und das Bedürfnis nach einer harmonischen Partnerschaft (Wolkenbaum). Normalerweise ist sie sehr herzlich (Schornstein), doch ist im Moment der Ofen aus (kein Rauch). Sie hat eine höchst spirituelle Ader (rundes Fenster im Dach). Der Weg zeigt nach außen, was bedeuten kann, dass sie gerne nach außen (beruflich) kommuniziert und beruflich orientiert ist. Das könnte mit dem Kinderwunsch in Konkurrenz stehen. Der Dachvorsprung wurde nur auf einer Seite gezeichnet. Unter diesem befindet sich die Axt, was darauf schließen lässt, dass sie sich mehr als andere Menschen vor Problemen schützen möchte. Warum ist das Haus etwas größer gezeichnet als der Baum? Sie ist sich derzeit sehr wichtig und nimmt ihre Probleme ernst. Die Sonne steht auf ihrer Seite – ein weiterer Hinweis auf Selbstorientierung. Die Kürze der Sonnenstrahlen deutet auf eine starke Begeisterungsfähigkeit hin, das heißt auch, dass zeitaufwendige Aufgaben nichts für sie sind. Durch den Abstand des Strahlensitzes an der Sonne können wir schließen, dass sie momentan Entscheidungsschwierigkeiten hat.

Meine Idee zu diesem Bild war, dass sie sich mit dem Problem herumärgerte, dass sie gerne Karriere machen möchte und gleichzeitig einen starken Kinderwunsch verspürte. Zudem hatte sie große Angst, einen nicht wiedergutzumachenden Fehler zu begehen. Diese nicht getroffene

Entscheidung wirkte sich auf alle Lebensbereiche aus. Und schon befand sie sich in einem Kreislauf.

Ihre erste Reaktion auf meine Interpretation war: „Das ist beängstigend, Herr Schröter! Wie haben Sie das gemacht? Sagen Sie's mir!“ Ein Rapport war somit aufgebaut. Danach begann unser Coaching und alles, was ich danach sagte, wurde nicht mehr infrage gestellt.

Beispielanalyse 3 – Ihre erste Analyse (Abb. 61)

Die letzte Analyse finde ich besonders interessant. Sehen Sie selbst und lassen Sie sich ein wenig Zeit. Nehmen Sie Ihre Zusammenfassung der Symbole und schauen Sie mal drüber: Was lesen Sie aus dem Bild?

Person: weiblich, Mitte 40, Führungskraft, zuständig für ca. 150 Mitarbeiter

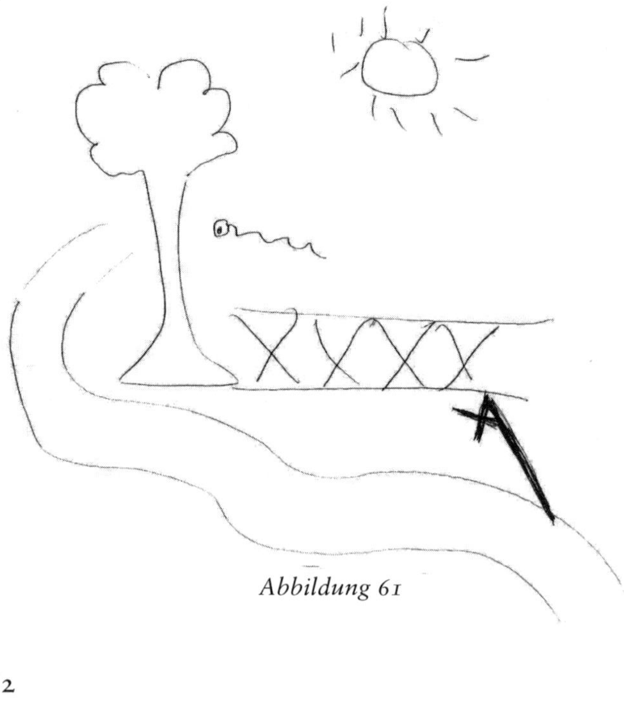

Abbildung 61

In dieser Zeichnung sehen Sie:

- einen Laubbaum mit starken Wurzeln: Harmoniebedürfnis in Beziehungen
- die Schlange, die sich Richtung Baum schlängelt: Treue und Loyalität sind der Zeichnerin wichtig.
- einen langen Weg: Die Zeichnerin kommuniziert gerne und viel, erzählt gerne Geschichten.
- den Jägerzaun in der Nähe des Baumes: Sie schützt ihre Mitarbeiter und steht voll zu ihrem Team; dabei kann sie gegenüber Eindringlingen auch sehr ungemütlich werden.
- die Sonne mit kurzen Strahlen und Abstand zu den Sonnenstrahlen: Energie ist vorhanden; sie ist vielseitig interessiert (Strahlen gehen um die ganze Sonne herum), hat Entscheidungsschwierigkeiten, vorwiegend, was die eigene Person anbelangt, weil die Abstände zur Sonne größer sind, wo eigentlich das Haus stehen sollte …
- Ach, richtig! Das Haus wurde vergessen: Ihre eigenen Interessen gibt es nicht; alles wird der Firma untergeordnet; Privatleben ausgeblendet; sie fühlt sich so, als würde sie nicht existieren.
- Die Axt wurde mehrmals nachgemalt und liegt auf dem Weg: starke Kommunikationsschwierigkeiten

So einfach geht das! Haben Sie es ähnlich gesehen? Einfach nur die Liste durchgehen und nach Übereinstimmungen suchen – fertig! Was Sie bei Ihrer Kommunikation beachten sollten, wenn Sie in Gegenwart eines Bewerbers oder Mitarbeiters analysieren, erfahren Sie auf den kommenden Seiten.

Wichtig! Erzählen Sie niemandem, welche Symbolik sich hinter den Begriffen versteckt. Sonst können Sie dieses Instrument nur einmal anwenden. Unbefangenheit des Zeichners ist notwendig! Daher erzählen Sie nur, was Sie sehen, niemals woher Sie das wissen! Erhalten Sie Ihren Status und machen Sie auch hier von Ihrem Recht auf selektive Kommunikation Gebrauch.

Versetzen wir uns einmal in die Lage eines Menschen, dem wir gerade ins tiefste Innere schauen. Diese Situation ist für den Betroffenen häufig völlig überraschend, weil er nicht mit so genauen Details gerechnet hätte. Diese Menschen sind sozusagen in einer Ausnahmesituation. Einerseits entsteht eine gewisse Neugier, weil sie ja wissen wollen, was Sie so alles über das Bild herausfinden. Andererseits fahren sofort sämtliche Schutzmechanismen hoch, die einem zur Verfügung stehen. Die rationalisierten Gedanken sind in Alarmbereitschaft. Der innere Rebell entsichert seine scharfen Waffen. Eine gewisse Form der Hypnose tritt ein – Geräusche, Gerüche und sonstige Empfindungen sind weitgehend ausgeschaltet. Der Fokus liegt zu 100% auf Ihnen. Ein falsches Wort könnte schlagartig einen Konventionalkrieg auslösen. Besänftigen Sie diesen inneren Konflikt.

Bereiten Sie das Analysegespräch verantwortungsvoll vor, minimieren Sie die Reaktionen des Zeichners. Sicher haben Sie im Vorfeld besprochen, dass Sie aus diesem Bild eine grobe Einschätzung der momentanen Situation ersehen können und das Einverständnis des Zeichners eingefordert. Fühlt sich dieser überrumpelt, fahren die Geschütze hoch; haben Sie jedoch sein Vertrauen gewonnen, wird Ihre Charakterisierung wohlwollend zur Kenntnis genommen. Wenn Sie möchten, können Sie dem Zeichner gleich zu Beginn Ihrer Ausführungen freistellen, dass er Sie gerne unterbrechen kann, wenn Sie etwas Falsches berichten, damit Sie nicht auf eine falsche Fährte geraten. Dieser Hinweis signalisiert ihm, dass Sie nicht drauf aus sind, zu verurteilen, sondern zu helfen. Anstelle eines Power-Talking verwenden Sie im Gespräch lieber sogenanntes Fuzzy-Talking.

Benutzen Sie weiche Formulierungen wie:

- „Ich könnte mir vorstellen, dass …"
- „Ich glaube, Sie könnten …"
- „Vermutlich ist gerade bei Ihnen …"
- „Könnte das sein, dass bei Ihnen momentan …"

Wählen Sie die Möglichkeitsform, wertet Ihr Gegenüber die Analyse als eine Art Spielchen mit leichtem Wahrheitscharakter. Die Tragweite wird ihm erst später bewusst. Und dann *ist der Fisch bereits geschuppt*, wie man in Norddeutschland so sagt. Wenn Sie auf dem Bild einen breiten Weg oder große, offene Fenster sehen, wird wahrscheinlich eine Art Zwiegespräch zwischen Ihnen und dem Zeichner entstehen. Dann haben Sie die beste Möglichkeit, noch wichtige, wertvolle Informationen zu erhalten. Wenn die Fenster, so vorhanden, vergittert sind und der Weg sogar vergessen wurde, wird Ihr Gesprächspartner verstummen und auf eine passende Gelegenheit warten, zurückzuschlagen. In diesem Fall stelle ich dem Zeichner gerne ein paar Fragen, die zum Dialog einladen:

- „Sehe ich das richtig, dass …?"
- „Ist das bei Ihnen immer so, dass Sie …?"
- „Ich könnte mir vorstellen, dass bei Ihnen …! Stimmt's?"

Da die Axt zwei unterschiedliche Bedeutungen hat, ist eine Formulierung zu wählen, die erst mal beide Möglichkeiten aufzeigt. Dann können Sie nachfragen:

- „Jetzt sehe ich etwas, das zwei Bedeutungen haben kann. Entweder gibt es bei Ihnen ein grundsätzliches

Kommunikationsproblem, oder Sie unterhalten sich leidenschaftlich gerne mit Menschen. Was ist es bei Ihnen?“

Nennen Sie hierbei sinnvollerweise Ihre Einschätzung als Letztes und gebrauchen diese als suggestiven Hebel. Dadurch hat der Gesprächspartner die Möglichkeit, schneller zu reagieren, als wenn der zuletzt genannte Satz erst noch verstanden, verarbeitet und verdrängt werden muss. Eine Reaktion fällt ihm somit leichter.

Alles in allem empfehle ich Ihnen, das Gespräch so wertschätzend wie möglich zu führen. Jeder, der in dieser Situation steckt, fühlt sich schutzlos und benötigt einen geschützten Raum – und den können nur Sie schaffen.

Zu welchem Zweck Sie als Führungskraft dieses Instrument verwenden können

Einzelgespräche

Haben Sie mit Ihren Mitarbeitern eine Vereinbarung getroffen, sie speziell fördern zu dürfen, wäre das ein sehr gutes Hilfsmittel bei Einzelgesprächen. Da Sie hier eine momentane Situation gezeichnet bekommen, eignet sich diese Methode, um gemeinsam den Werdegang des Mitarbeiters zu verfolgen. Sinnvoll erscheint mir zweimal jährlich.

Bewerbungsgespräche

Aus meiner Sicht sind Bildanalysen aus Bewerbungsgesprächen nicht mehr wegzudenken. Sie liefern Ihnen die nötigen Informationen, die Sie brauchen, um sich zu entscheiden. Stellen Sie sich vor, dass Sie drei Bewerber haben, die Ihnen gleichermaßen sympathisch sind, ähnliche Zeugnisnoten und ein gutes Auftreten haben. Und nun? Wollen Sie alle drei, wie in einer Fernsehsendung, in die Probezeit schicken und einen Konkurrenzkampf erzeugen? Da ist es sinnvoll zu erfahren, wer von den dreien Ihre Bedingungen am ehesten erfüllt. Benötigen Sie jemanden mit Teamgeist, achten Sie wahrscheinlich auf einen Laubbaum, einen großen Weg, Fenster und Türen im Haus und einen kleinen Zaun. Brauchen Sie einen „Pitbull" in Ihrem Sicherheitsbereich, wählen Sie vermutlich den Bewerber aus, der eine riesige Tanne, einen großen Stacheldrahtzaun um das Areal des Baumes und des Hauses zeichnet, der eine große Sonne auf das Gelände strahlen lässt und der Fenster, Türen und Weg vergessen hat. Oder?

Und noch ein Tipp zum Abschluss

Wie wäre es, wenn Sie Ihre ersten Gehversuche mit Menschen machen, die Sie sehr gut einschätzen können? Sie lernen dadurch nicht nur zu kommunizieren, sondern werden auch sicherer in Ihren Aussagen. Nebenbei können Sie Ihr Vorwissen mit einbauen, weil Sie die Personen ja gut kennen. Dadurch schaffen Sie sich eine kugelsichere Weste für den Ernstfall.

Modul 5: Suggestive Hebel – Manipulation, aber richtig

Es war ein Montagmorgen, 8:45 Uhr. Fünfzig Führungskräfte eines Unternehmens betraten nacheinander den Saal und suchten sich einen geeigneten Platz, um dem Seminar bestmöglich folgen zu können. Vier Tage Training standen den Köpfen des Unternehmens bevor. Es war von den drei Vorständen angesetzt worden, um die Stimmung der 3000 Mitarbeiter im Unternehmen zu verbessern.

Ich begann das Seminar mit der Begrüßung und anschließend folgenden Worten:

„Ich blicke hier in Gesichter mit unterschiedlichem Erfahrungsstand. Sicher wissen einige von Ihnen, dass Ihnen dieses Seminar wertvolle Erkenntnisse liefern wird, die Ihnen die Personalführung erleichtert und mit denen Sie somit viel Zeit sparen können. Andere von Ihnen, die schon lange als Vorgesetzte tätig sind, vermuten vielleicht, dass diese vier Tage verschwendete Zeit sein könnten. Speziell für diese Führungskräfte habe ich mit der Unternehmensspitze etwas ausgehandelt. Ich habe mit Ihren drei Vorständen vereinbart, dass Sie in der Mittagspause das Seminarhotel verlassen dürfen, wenn Sie bis dahin nicht davon überzeugt sind, dass dieses Seminar Ihre Tätigkeit als Führungskraft erleichtern und vereinfachen wird. Sie melden sich bei mir persönlich ab und gehen an Ihren Arbeitsplatz zurück. Aber, Achtung: Ich möchte nicht, dass irgendjemand von Ihnen denjenigen verurteilt, der diese Veranstaltung verlässt. Denn das ist sein gutes Recht! Ich habe es extra für Sie mit der Unternehmensleitung ausgehandelt!“

Danach begann ich mein Seminar. Was glauben Sie, liebe Leserinnen und Leser, wie viele Führungskräfte nach dem Mittagessen gegangen sind? Richtig: Nicht eine einzige! Lag es daran, dass ich bahnbrechend Neues in den ersten

Stunden vermittelte? War es meine unnachahmliche Art zu referieren?

Sie werden im Verlaufe dieses Moduls verstehen, welche magische Kraft in Ihrer Präsentation liegt und wie Sie Ihre Glaubwürdigkeit erhöhen können. Sie lernen die Geheimnisse, Menschen zu lenken, und wie sie Ihnen folgen werden – einfach so.

Sie manipulieren, ob Sie wollen oder nicht. Sobald Sie einen Raum nur betreten, in dem sich Mitarbeiter befinden, verändern Sie die Stimmung erheblich. Um es mit ähnlichen Worten wie Paul Watzlawick auszudrücken: Sie können nicht „nicht manipulieren". Auf den kommenden Seiten erfahren Sie, welchen Vorteil es Ihnen bringt, wenn Sie *genau das* lernen. Es ist mir gleich, wie Sie es nennen: Manipulation, Motivation, Beeinflussung, Lenken, Suggerieren, Hypnotisieren oder einfach Einflussnehmen auf die Gedanken Ihrer Mitarbeiter. Sie lernen außerdem, wie verantwortungsvoll es sein kann, Ihren Einfluss zu nutzen, wenn Sie es *richtig* machen. Denn Ihre Mitarbeiter werden zufriedener und glücklicher ihre Arbeit verrichten können. Stellen Sie sich vor, dass Sie etwas anordnen und Ihre Mitarbeiter führen es ohne innere Widerstände und mit der vollen Überzeugung aus, das Richtige zu tun. Ist das für Sie interessant?

Weshalb extrinsische Motivation nicht zu besseren Ergebnissen führt

In den Anfängen der Verhaltenspsychologie haben Wissenschaftler vor langer Zeit Versuche mit hüpfenden Flöhen gemacht. Die Versuchsflöhe sprangen aus dem Stand bis zu 60 Zentimeter hoch. Für einen Versuch sperrten die

Wissenschaftler einige Flöhe in ein Schraubglas. Die Flöhe sprangen wieder in die Höhe. Doch sie stießen immer hörbar an den fest verschraubten Deckel des Glases. Nach einer Weile sprangen die Flöhe im Glas nicht mehr so hoch und hüpften nur noch bis kurz unter den Deckel. Nach ein paar Stunden schraubten die Wissenschaftler den Deckel ab und entließen die hüpfenden Flöhe. Interessanterweise sprangen diese Flöhe nicht mehr bis zu 60 Zentimeter hoch wie ihre Artgenossen, sondern nur noch so hoch, wie sie es im Glas konnten. Sie waren konditioniert. Genauso sind wir alle auf irgendeine Art *gedeckelt*. Viele erlebte Misserfolge und Zurechtweisungen führen irgendwann dazu, dass unsere Kreativität und Neugier nachlassen. Natürlich werden auch Ihre Mitarbeiter gedeckelt und springen im übertragenen Sinne nur noch bis zu einer bestimmten Höhe. Motivationsversuche Ihrerseits bringen da nur wenig. Möglich, dass Ihre Mitarbeiter durch eine extrinsische, also von außen gesteuerte, Motivation etwas schneller hüpfen –, aber niemals höher. Heutzutage ist unsere Gesellschaft über sämtliche Soft Skills informiert, sodass jeder Mitarbeiter sofort merkt, wenn ein Chef durch extrinsische Motivation zu einer Verhaltensänderung bewegen möchte. Plumpe Motivationsversuche, die offensichtlich nur die Bedürfnisse des Chefs befriedigen, werden als Manipulation gewertet. Die Wirkung schlägt dann ins Gegenteil um. Ich habe dieses Modul geschrieben, um Ihnen aufzuzeigen, dass Sie trotzdem immer Möglichkeiten haben, Einfluss zu nehmen.

Was sind Suggestionen?

Das Wort Suggestion lässt sich auf das lateinische Wort *suggestio* zurückführen und bedeutet so viel wie Hinzuführung,

Eingebung oder Einflüsterung. Suggestionen sind also Sinneswahrnehmungen, die unser Denken, Fühlen und Handeln beeinflussen. Lesen Sie die Worte: *Schwarzwälder Kirschtorte*, dürfte Ihnen das Wasser im Mund zusammenlaufen, wenn Sie diese Torte mögen. Haben Sie hingegen eine Allergie gegen Sahnetorten oder Kirschen oder mögen Sie sie nicht besonders, löst der Gedanke daran eher Stress bei Ihnen aus. Suggestionen setzen Erinnerungen frei, die eine individuelle Reaktion auslösen. Je nachdem, welche Erfahrung Sie mit einer Suggestion verbinden, ändern sich schlagartig Ihre Gefühle. Suggestionen wecken also alte Erinnerungen, sogenannte Assoziationen. Lösen Sie bei sich selbst eine Suggestion aus, nennen wir das Autosuggestion. Im Mentaltraining beispielsweise denken Sie in einem tief entspannten Zustand an eine Situation, die Sie in der Zukunft erleben möchten. Sportler durchdenken etwa den Ablauf des in Kürze auszuführenden Parcours und bereiten sich so mental auf das bevorstehende Turnier vor. Einige erfolgreiche Menschen stellen sich vor, wie sie ihren Erfolg genießen werden, wenn sie ihr Ziel erreicht haben. Deren Unterbewusstsein ist nun informiert und löst automatisierte Reaktionen aus. Auf diese Weise sind vorher unvorstellbare Reaktionen oder Kraftanstrengungen bei Sportlern möglich.

Es ist *nicht* nötig, dass Sie als Führungskraft eine Ausbildung zum Mentalkünstler, Showhypnotiseur oder sogar Hypno-Coach machen, um sich die positive Wirkung von Suggestionen nutzbar zu machen. Letzteres wäre allerdings sehr hilfreich für Ihre Arbeit.

Ich mache Sie nun mit ein paar wesentlichen psychologischen Grundlagen und Verhaltensweisen bekannt, die Ihnen ermöglichen, Ihre Mitarbeiter viel leichter und mit mehr Freude zu führen und zu lenken, ohne dass Sie die üblichen Widerstände überwinden müssen.

Weil Sie Suggestionen jeden Tag gebrauchen, stellt sich die Frage, ob Sie mit ihnen die Türen zu Ihren Mitarbeitern fest verschließen oder sie als Schlüssel benutzen, um die Türen zu öffnen. Entscheidend ist in erster Linie Ihre innere Haltung Ihren Mitarbeiterinnen und Mitarbeitern gegenüber. Wenn Sie der festen Überzeugung sind, dass Sie die besten Mitarbeiter haben, die es auf dem Markt gibt, werden Sie sich anders verhalten, als wenn Sie die gesamte Mannschaft am liebsten austauschen würden. Ihre innere Haltung bestimmt Ihr Verhalten und Ihre Kommunikation den Mitarbeitern gegenüber. Ihre Einstellung zu einer Person können Sie auch nicht verbergen, wie der Verhaltensforscher Manfred Spitzer aus Ulm feststellte. Forschungsergebnissen nach synchronisieren sich die Gehirne zweier Menschen, während sie miteinander kommunizieren. Das alte Sender/Empfänger-Modell ist damit widerlegt. Was Sie in einem persönlichen Gespräch meinen und sagen, ist durch die hergestellte Verbindung bereits längst übermittelt. Ihr Zuhörer ist bereits drei Sekunden weiter und weiß bereits, was Sie sagen wollen – auch wenn Sie es anders ausdrücken. In Videokonferenzen funktioniert das nicht, so die Forschungen, denn das Bildsignal kommt zeitverzögert beim anderen Computer an und die Gesprächspartner schauen sich gegenseitig nie in die Augen. Entweder die Gesprächspartner blicken in die Kamera, dann sehen sie nicht auf den Bildschirm und somit sehen sie die andere Person nicht. Oder sie schauen auf den Bildschirm, dann sehen die anderen nicht in ihre Augen. Das ist der Grund, weshalb die Verbindung der Gehirne fehlschlägt. Interessant, oder?

Verbindliche Kommunikation findet demnach nur statt, wenn die Menschen sich *in* die Augen schauen. Vermeiden Lügner vielleicht deshalb den Augenkontakt? Ist es womöglich ein reflektorischer Schutzmechanismus, damit das Gegenüber sich nicht mit ihnen synchronisieren kann und sie nicht entlarvt werden? Wer es ehrlich mit Ihnen meint, wird Ihnen direkt in die Augen schauen. Ein offener Blick garantiert eine offene Kommunikation. So beginnt respektvoller Umgang miteinander.

Respekt ist die entscheidendste Ressource im Umgang mit Menschen. René Borbonus, einer der wichtigsten deutschsprachigen Kommunikationstrainer, sagt, dass respektvoller Umgang damit beginnt, den anderen zu sehen und wahrzunehmen. Gerade im Misserfolg wollen wir gesehen werden. Erst wenn Sie als Führungskraft die Not Ihres Mitarbeiters aktiv und wertschätzend ansprechen, können Sie anschließend Fehler besprechen und eine gemeinsame Lösung anstreben:

„Ich sehe, dass Sie diese Situation richtig mitnimmt" – Pause machen – „sehe ich das richtig?" – Pause und Antwort abwarten – „Dann lassen Sie uns jetzt einmal darüber sprechen, was wir aktiv tun können, um die Lage zu entschärfen."

In solchen Momenten neigen wir alle dazu – nicht nur als Führungskraft – *Warum-Fragen* oder *Suggestivfragen* zu stellen. Bei diesen Fragestellungen kennen wir die Antworten bereits. Wie René Borbonus bin ich auch der Meinung, dass diese Art der Kommunikation entwürdigend ist und tiefste Verletzungen bereitet.

Überlegen Sie anhand der folgenden Beispielfragen, wie Sie sich fühlen, wenn Ihnen diese Fragen gestellt werden:

„Warum machen Sie das nicht so, wie ich es Ihnen gezeigt habe?"

„Warum haben Sie den Kaffee noch nicht fertig?"

„Warum ist Ihr Projekt schiefgegangen?"

Bei diesen Fragen ist auffällig, dass es dazu keine sinnvollen Antworten gibt, sondern nur Rechtfertigungen. Mit diesen Fragen stellen wir den Gefragten an die Wand – entwürdigend!

Statt eine Frage zu stellen, wäre eine respektvolle Aussage

empfehlenswert, die dann zu einer offenen Kommunikation führen kann:

„Ich ärgere mich darüber, dass das Projekt schiefgegangen ist."

„Ich brauche den Kaffee schnellstmöglich."

Achtung! Nicht in die Falle tapsen und doch eine Warum-Frage zu stellen: „Ich stelle mir die Frage, Herr Maier, warum Ihr Projekt schief gegangen ist."

Auch wenn es um das Thema *suggestive Hebel* geht, sind sogenannte Suggestivfragen schädlich. Sie sollen den Gefragten eine Antwort plump suggerieren:

„Sind Sie nicht auch der Meinung, dass ...?"

„Haben Sie nicht auch den Eindruck, dass ...?"

Ein sicheres Zeichen fieser Suggestivfragestellung ist, dass sie absolut geschlossen sind. Sie erlauben nur ein Wort als Antwort und die Antwort wird bereits vorgegeben.

Ich glaube, dass durch die Bezeichnung *Suggestivfrage* der Begriff Suggestion bei vielen negativ belegt ist – wie schade! Nutzen Sie die Macht der Aussage und benennen Sie die momentane Situation.

Mein Tipp: Hinterfragen Sie Ihre innere Haltung zu Ihren Mitarbeitern und klären Sie innere Widerstände. Denn wenn Sie Mitarbeiter ablehnen oder unausgesprochene Probleme Ihre beidseitige Beziehung behindern, leidet die Kommunikation untereinander.

Anstatt in schwierigen Situationen Warum-Fragen oder Suggestivfragen zu stellen, trainieren Sie, die momentane Situation zu beschreiben und das Gespräch lösungsorientiert fortzusetzen. Damit beweisen Sie Ihre Souveränität und stellen klar, die Situation im Griff zu haben. Genau das fordern Mitarbeiter von Ihren Vorgesetzten – mit Recht!

Woran Sie erkennen, dass Ihre Mitarbeiter ein unausgesprochenes Problem mit Ihnen haben

In einem Meeting bespricht ein neuer Teamleiter mit seinem Team die Umsetzung einer Arbeitsmaßnahme. Hierbei erteilt er verschiedenen Mitarbeitern Arbeitsanweisungen. Es beginnt eine Diskussion über die Aufgabenverteilung und der Teamleiter begründet seinen Standpunkt, neue Wege gehen zu wollen. Plötzlich meldet sich ein erfahrener Mitarbeiter und sagt zu ihm: „Das sehen Sie völlig falsch, das widerspricht all unseren Erfahrungen!" Wortlos verlässt der Teamleiter die Sitzung – Treffer und versenkt.

Viele Menschen bedienen sich in schwierigen Situationen spezieller verletzender Sätze, die wir Killerphrasen nennen. Das Ziel ist klar: Es geht zum einen um Macht und zum anderen darum, die Diskussion für sich gewinnen zu wollen. Diese Killerphrasen durchwandern sämtliche Schutzmechanismen einer Person und zielen direkt auf die Persönlichkeitsebene.

Das Ziel von Killerphrasen ist es, zu verletzen:

- Das widerspricht *all* meinen Erfahrungen!
- Das sehen Sie *völlig* falsch!
- Nun bleiben Sie *doch mal* sachlich.
- *Nur* Mühe geben reicht nicht!
- Na, das kann *ja gar nicht* funktionieren!
- Das haben wir *immer* schon so gemacht.
- Wer soll *denn das* bezahlen?
- Das haben wir *doch alles längst* versucht.

Jeder Benutzer von Killerphrasen fühlt sich in der Diskussion unterlegen, ist also verletzt und schießt daher aus allen Rohren. Haben Sie im Team jemanden, der sich häufig Killerphrasen bedient? Dann klären Sie das eigentliche Problem. Denn es gibt eins! Vielleicht werden Sie von dieser Person nicht als Vorgesetzter akzeptiert und sie geht deshalb auf Konfrontation? Vielleicht ist sie auch nur überlastet? Jetzt wäre, wenn es nur eine Person betrifft, ein respektvolles Einzelgespräch fällig, mit dem Ziel, das eigentliche Problem zu lösen.

In Trainings vermittle ich gerne eine spezielle Fragetechnik, die die Killer in dem jeweiligen Satz lokalisiert und aushebelt. In jedem dieser Sätze finden Sie den Killer kursiv markiert. Killerphrasen blockieren gute Kommunikation und erst recht lösungsorientiertes Denken. Killerphrasen werden mit einfacher Fragetechnik wie folgt ausgehebelt:

- Das widerspricht *all* meinen Erfahrungen!
  Was genau sind Ihre Erfahrungen in diesem Bereich?
- Nun bleiben Sie doch *mal* sachlich!
  Wo war ich Ihrer Meinung nach unsachlich?
- Das haben wir doch alles *längst* versucht!
  Was genau haben Sie versucht?

Mit diesen präzisen Fragen nach dem, was in der Killerphrase ausgesagt wurde, führen wir den Angreifer wieder auf die Sachebene zurück. Will er nicht auf die Sachebene zurück, unterlässt er zumindest seine Attacken, denn es ist für ihn unglaublich anstrengend, auf diese Frage eine sinnvolle Antwort zu geben. Er muss dabei nämlich nachdenken und das fällt ihm in seiner schwierigen Lage sicher schwer. Trainieren Sie, Killerphrasen zu erkennen. Das ist vorerst nicht ganz einfach, weil Sie sich selbst angeschossen fühlen. Überlegen Sie einmal: Gibt es öfter Situationen, in denen Sie sich solchen Killerphrasen ausgesetzt sehen und sich dabei schlecht fühlen?

Mein Tipp: Erforschen Sie in Diskussionen diese Killerphrasen und lokalisieren Sie als Erstes den Killer in diesen Sätzen. Es ist ganz leicht und nach ein paar Erfahrungen sind Sie bereits Profi darin, diese Killersätze zu erkennen. Im zweiten Schritt üben Sie, sich nicht zu rechtfertigen, sondern genauer nach dem eigentlichen Inhalt der getroffenen

Aussage zu fragen. Die ultimative Frage, die immer passt, ist: *Wie meinen Sie das genau?*

Derjenige, der Killerphrasen ständig benutzt, wird spätestens nach Ihrer dritten Nachfrage damit aufhören, weil es ihm zu anstrengend wird. Im besten Fall kehrt er zurück auf die Sachebene.

Übung macht den Meister!

Echte Suggestionen durchwandern, genau wie im Beispiel Killerphrasen erklärt, sämtliche rationalen Anteile der Wahrnehmung und wirken direkt auf der ursächlichen Ebene des Geistes, dem Unterbewusstsein. Ob Suggestionen verletzen oder motivieren, hängt von mindestens zwei Faktoren ab. Einerseits von Ihrer inneren Einstellung gegenüber demjenigen, dem Sie etwas suggerieren, und andererseits von den jeweiligen angesprochenen inneren Programmen Ihres Gegenübers. Demzufolge ist es wichtig, dass Sie erkennen, dass dieses Instrument sowohl eine unglaubliche Hilfe aber auch eine Waffe im Umgang mit Ihren Mitarbeitern sein kann. Das ist der Grund, weshalb viele diese beeindruckende Technik verteufeln. Setzen Sie Suggestionen jedoch mit einer positiven inneren Haltung ein, nennen wir das im Sprachgebrauch Motivation. Egal wie Sie es benennen: Von Ihrer inneren Haltung wird es abhängen, ob Sie damit Unrecht tun oder helfen. Mit einem Skalpell kann man auch nicht nur Gutes tun.

Ihr Unterbewusstsein hört immer mit – auch jetzt

Sie sind völlig abgetaucht und Ihre Gedanken sind zu hundert Prozent auf das Buch konzentriert, das Sie gerade lesen. Ihre gesamte Wahrnehmung ist verändert. Ihr Zeitgefühl ist ausgeschaltet. Sie hören nicht einmal die Autos und LKWs draußen auf der Straße. Ihr Körper ist so schwer geworden, dass Sie ihn vielleicht sogar nicht mehr bewegen können. Sie befinden sich in einem tiefen, hypnoseähnlichen Zustand. Das Buch ist so spannend, dass es Ihre gesamte Aufmerksamkeit bindet. Und plötzlich nehmen Sie Brandgeruch wahr, das Buch fliegt in die Ecke, Sie springen auf und reagieren …

Ob wir schlafen oder wach sind, selbst in Narkose hört unser Unterbewusstsein ständig mit. Es lässt sich nicht ausschalten. Deshalb reagieren Ihre inneren Schutzprogramme, auch wenn Sie noch so sehr in das Buch vertieft sind.

Elisabeth Kübler-Ross war die erste Wissenschaftlerin, die sich mit Nahtoderfahrungen beschäftigte. Bereits in den 1960er-Jahren befragte sie mehr als 200 Menschen über ihre Nahtoderfahrungen. Sie fand heraus, dass sich die Antworten der Befragten so sehr ähnelten, dass ihre Forschungen weltweite Anerkennung fanden. Demnach erinnerten sich Menschen, die als medizinisch tot galten und wieder ins Leben zurückfanden, an die Gespräche des Krankenhauspersonals, die Geräusche der Maschinen, an die sie angeschlossen waren, und die Ruhe und Zufriedenheit, die sie in dieser Zeit verspürten. Kübler-Ross verstand es als *den wissenschaftlichen Beweis* dafür, dass wir Menschen eine Seele und ein Unterbewusstsein besitzen. Ihre lebenslangen Forschungen konnte sie letztlich selbst am eigenen Leib erfahren. Sie hatte mehrere Schlaganfälle überlebt und dabei mehrere Nahtoderfahrungen gemacht. Nicht nur deshalb wird sie als authentische Wissenschaftlerin wahrgenommen.

Sie sehen: Die Macht des Unterbewusstseins ist sehr groß. Wenn Sie sich dessen bewusst sind, wird es Ihnen zunehmend leichterfallen, im täglichen Leben darauf einzugehen und das Zusammenspiel zwischen Denken – Verstand – Unterbewusstsein – Schutzmechanismen klarer zu erkennen und zu nützen.

Das somatische Zentrum – Ihr Betriebssystem

Bitte schauen Sie sich im Folgenden die Abbildung 62 des Hypnoseausbilders Dirk Treusch näher an. Der schwarze Punkt in der Mitte stellt Ihr absolutes Zentrum dar. Von diesem somatischen Teil aus wird Ihr Herzschlag gesteuert, Ihre Atmung und Ihre Verdauung. Auf diesen Teil haben Sie keinen bewussten Zugriff. Sie können also Ihrem Herzen nicht direkt befehlen, schneller zu schlagen. Sie könnten etwas tun, damit es reaktiv schneller schlägt, wie zum Beispiel Liegestützen machen oder Treppen schnell hinauflaufen. Der Unterschied ist, Sie können es ihm nicht befehlen! Genauso wenig wird es klappen, die Luft anzuhalten, um sich umzubringen. Denn wenn Sie es versuchen würden und nach einer Weile in ein gefährliches Stadium der Sauerstoffarmut kämen, würde der somatische Teil einen „finalen Schnaufer" veranlassen und Sie somit vor dem Ersticken retten. Glücklicherweise besitzen wir alle diesen Schutzmechanismus, der sich auch nicht selbst ausschalten lässt. Vielleicht haben Sie das als Kind einmal ausprobiert. Es wollte einfach nicht funktionieren. Das ist auch gut so. Denn unser gesamter Organismus ist auf „Überleben" eingestellt. Dieser somatische Teil hat die wichtigsten Funktionen unseres Körpers gespeichert und das Betriebssystem „Überleben" speziell abgesichert.

Das Unterbewusstsein – Ihr persönlicher Festplattenspeicher

Um den somatischen Anteil herum sitzt Ihr Unterbewusstsein. In diesem sind alle Programme abgespeichert, die Sie als Potenzial mit in die Wiege gelegt bekommen haben. Einiges davon können wir in Ihrem Gesicht über das Face-Reading erkennen. Zudem sind im Unterbewusstsein in einer Art Datenbank alle Erfahrungen und die daraus gezogenen Schlussfolgerungen abgelegt. Einen kleinen Teil dieser Entscheidungen haben Sie bewusst getroffen. Der Löwenanteil dieser inneren Programme aber hat sich ohne Ihr Wissen festgesetzt. Vielleicht haben Sie sich irgendwann dazu entschieden, gut in der Schule zu sein und fleißig zu lernen, damit Sie später eine bessere Ausgangsposition bei der Jobwahl haben? Das konnten Sie selbst entscheiden. Und viele Programme, die einfach so in Ihrem Leben durchlaufen, sind irgendwann ohne Ihr Dazutun entstanden. Vielleicht kommt Ihnen manchmal ein bestimmter Satz in den Sinn, wie: „Die in meinem Team mögen mich alle nicht – das war schon damals auf dem Spielplatz so!" oder: „Keiner will mich, das kenne ich noch aus der Schule – da wurde ich beim Auslosen der Gruppen beim Völkerballspielen auch immer als Letzter genommen!" Die Sätze „Ich bin zu dumm, zu dick, zu blöd" oder „Das kannst du nicht" sind natürlich auch tief abgespeichert. Ebenso sind Anweisungen wie „Sei ein braves Mädchen!", „Sitz gerade am Tisch!", „Sag schön Bitte und Danke!", „Keinen gelben Schnee essen, Junge!" feste Bestandteile und eigenständige Programme, die automatisiert ablaufen. Im Übrigen würde ich persönlich bei den letzten beiden Sätzen zustimmen. Denn manche dieser Programmierungen helfen uns nicht nur, gesund zu bleiben, sondern beeinflussen auch unsere Sozialkontakte und lassen uns beispielsweise teamfähig sein. Andere Programme hingegen stören unseren Alltag und bremsen unseren Erfolg. In der Datenbank im Unterbewusstsein finden wir alle Emotionen und alle *Wenn-Dann-Regeln*, wie sie Dirk Treusch nennt, die ein Leben mehr oder weniger ermöglichen. Das Unterbewusstsein enthält Ihr komplettes autobiografisches Gedächtnis. Wenn Ihnen ein Mensch begegnet und Sie anlächelt, dann lächeln Sie vielleicht zurück. Das haben Sie so, von wem auch immer, gelernt.

Der bewusste Anteil – Ihr Arbeitsspeicher

Um das Unterbewusstsein herum befindet sich Ihre Ratio, Ihr logisch-analytisches Denken und Ihre Willenskraft. Auf

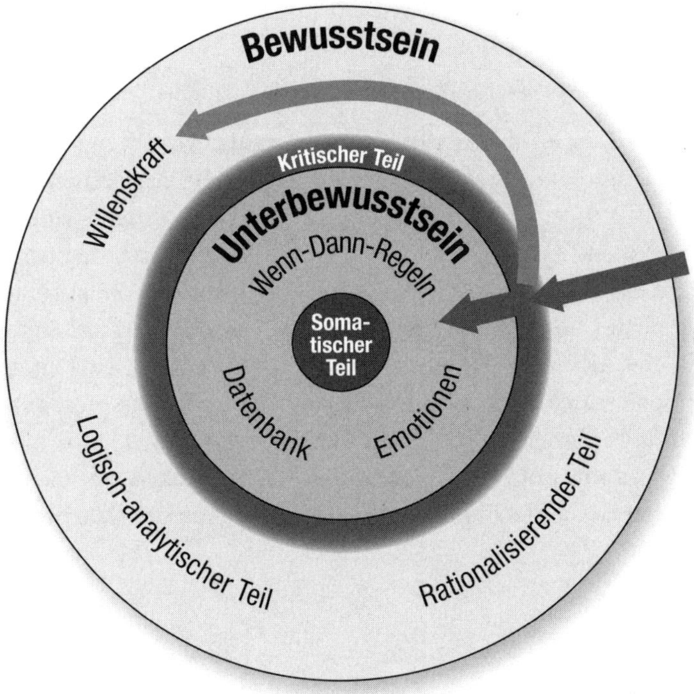

Abbildung 62: Grafik des Hypnoseausbilders Dirk Treusch – mit freundlicher Genehmigung von Dirk Treusch; www.treusch.de

diesen Teil haben Sie direkten Zugriff. Sie entscheiden, wann Sie aus dem Fenster schauen, mit wem Sie sprechen möchten, ob und wann Sie zur Arbeit gehen etc. Okay, manche Menschen meinen, dass sie keine andere Wahl hätten, als zur Arbeit zu gehen und glauben fest daran, fremdbestimmt zu sein. Doch irgendwann haben sie ihren Arbeitsvertrag unterschrieben und bewusst zugestimmt. Sie werden nicht unter Androhung von Waffengewalt in die Firma getrieben wie Gefangene. Diese Menschen hätten auch jederzeit die Möglichkeit, einen anderen Beruf auszuüben oder das Unternehmen zu wechseln. Viele Menschen nutzen diese Wahlmöglichkeit nur nicht – schade! All das wird vom äußeren, logischen Anteil unseres Seins getroffen.

Der kritischer Teil – Ihre persönliche Firewall

Auffällig ist in diesem Bild die Trennung vom Bewusstsein zum Unterbewusstsein. Dieser kritische Teil, nennen wir ihn mal *Wächter*, hat die Aufgabe, die inneren Programme zu beschützen. Dieser Wächter ist der Meinung, dass die innere Datenbank, unsere Wenn-Dann-Regeln und unser autobiografisches Gedächtnis die Grundlage unserer Persönlichkeit bilden. All diese Anteile zusammen wirken wie ein einzigartiges Kunstwerk und sollen vor Veränderung geschützt werden. Dabei ist es ihm beispielsweise egal, ob diese Programme gute oder schlechte Auswirkungen haben. Sie werden beschützt! Das ist die Hauptaufgabe des Wächters.

Warum die meisten Raucher wieder anfangen

„Aufhören zu rauchen ist die einfachste Sache der Welt. Ich habe es schon 20 Mal gemacht“, sagte Mark Twain und formulierte damit ein Problem, das viele betrifft.

Dietmar K. ist Unternehmer aus Leidenschaft und führt schon seit 18 Jahren sein Bauunternehmen mit mittlerweile 780 Mitarbeitern. Seit seinem 14. Lebensjahr raucht Dietmar und inzwischen sind es 35 Jahre. Jeder Raucher hat eine Konditionierung in seinem Unterbewusstsein, die lautet, dass bei Stress geraucht werden muss. Erworben wurde dieser Automatismus bei der allerersten Zigarette, die auf Lunge geraucht wurde. Unser Dietmar war mit Freunden, der kleinen Gang aus der Nachbarschaft, zusammen auf dem Hinterhof, gleich neben den Garagen. Einer der Jungs war bereits ein Jahr älter und hatte seine Zigaretten dabei. Er bot den anderen Jungs an, ebenfalls eine zu rauchen. Dietmar nahm eine Zigarette, zündete sie an und atmete den Rauch das erste Mal in die Lunge. In dieser Situation war sein Organismus als Noch-Nichtraucher in einem Ausnahmezustand und sein *somatischer Teil* in höchster Alarmbereitschaft. Sein gesamter Organismus war im höchsten Maße gestresst. Weil Dietmar cool wirken und sich vor den anderen Jungs keine Blöße geben wollte, beschloss er, sich zusammenzureißen und weiterzurauchen. Er unterdrückte seinen Schmerz und sein Unwohlsein. Spätestens nach der 60. Zigarette waren *Stress* und *Zigarette* so in seinem Unterbewusstsein miteinander verschmolzen, dass es nicht mehr unterscheiden konnte, was zuerst vorhanden sein muss, Zigarette oder Stress. Demnach hat jeder Raucher bei geringster Stresssituation auch ein Rauchbedürfnis. Ebenso entsteht dieser Stress, wenn über ein paar Stunden keine Zigarette geraucht wurde. Der Nikotinspiegel sinkt unter seine Toleranzgrenze und die Hand greift automatisch in die Tasche, in der die Zigarettenschachtel geparkt wurde.

Dietmars bewusste Entscheidung, mit dem Rauchen

aufzuhören, wird nun als Erstes von seinem unbewussten Wächter abgewehrt, wie vom grauen Pfeil angezeigt. Der lässt, wie wir bereits wissen, keine Änderungen der Programmierungen im Unterbewusstsein zu. Jetzt meldet sich Dietmars Bewusstsein und meint, er leite seit Jahren ein erfolgreiches Unternehmen mit vielen Hundert Mitarbeitern und wird ja wohl selbst entscheiden können, ob er raucht oder nicht! Außerdem ist es noch nie so teuer gewesen, einen schlechten Geschmack im Mund zu haben. Er trifft eine rationale Entscheidung mit seiner Willenskraft und verbietet sich, Zigaretten zu rauchen. Nach ein paar Stunden meldet sich seine Stress/Zigaretten-Programmierung zu Wort:

„Hallo? Hallo!! Jetzt sinkt gerade der Nikotingehalt in der Blutbahn unter die kritische Toleranzmarke. Wie sieht's denn wohl mit einer Zigarette aus?"

Dietmars logischer Teil verweigert disziplinarisch den Wunsch seines Unterbewusstseins. Da meldet sich das innere Programm wieder und fordert:

„Na gut, dann gib mir eben etwas anderes ...! Schokolade, Gummibärchen, Sport, viel Arbeit etc., damit ich nicht so viel an Zigaretten denken muss."

Ex-Raucher kompensieren das Rauchen, indem sie ihre innere Konditionierung anderweitig befriedigen. Somit ist die enorme Gewichtszunahme nach Aufhörversuchen zu erklären. Andere werden zu militanten Nichtrauchern, um sich immer wieder selbst klarzumachen, dass Rauchen schädlich ist. Der einzige Weg, Kompensation zu vermeiden, wäre, den Wächter auszuschalten und direkt an der Programmierung zu arbeiten. Dafür eignen sich hervorragend Methoden aus dem Mentaltraining, die jeder selbst anwenden kann, oder man unterzieht sich einer fachlich korrekt durchgeführten Hypnose. Diese Methoden bieten den schnellsten Effekt und machen Raucher zu Nichtrauchern und nicht zu kompensierenden Ex-Rauchern. Denn wenn dieser fiese Trojaner aus dem Unterbewusstsein gelöscht ist, sind Sie nicht mehr anfällig für Rückfälle und haben auch kein Rauchbedürfnis mehr. Sie müssten sich dann das Rauchen wieder ganz neu antrainieren, wie beim ersten Mal.

Wenn Sie verstehen, dass Stress beim Raucher zu einem Rauchbedürfnis führt, wird Ihnen auch klar, welch unvorstellbar stark suggestiven Hebel das Marketing der amerikanischen Zigarettenindustrie mit seinen höchst professionellen Psychologen entwickelte. Sie haben sich unter dem Deckmantel, die Gesundheit ihrer Kunden zu fördern, die Gesundheitshinweise auf den Schachteln einfallen lassen und den Gesundheitsministern angeboten. Sie wirken im höchsten Maße suggestibel auf das Unterbewusstsein. „Rauchen macht impotent!“ Dieser Satz wird unbewusst wahrgenommen, löst Stress aus und führt unweigerlich zu einem zusätzlichen Rauchbedürfnis. Die Tabakkonzerne mussten sich anhand sinkender Umsätze etwas einfallen lassen, da das Gesundheitsbewusstsein der Menschen stetig wächst.

Wir haben uns mit dem Thema Rauchen beschäftigt, weil es jeder kennt und nachvollziehen kann, ob er damit eigene Erfahrungen hat oder nicht. Dieses Beispiel steht symbolisch für alle positiven und negativen inneren Programme. Sollten Sie also Nichtraucher sein, kennen Sie sicher ähnliche Beispiele, wie abnehmen zu wollen oder am 1. Januar den Entschluss zu treffen, regelmäßig Sport betreiben zu wollen etc. Es befinden sich unendlich viele „Wenn-Dann-Regeln“ in unserem Unterbewusstsein. Sie zumindest zum Teil zu kennen, hilft, unser Verhalten und das anderer Menschen besser zu verstehen.

Diese Programmierungen kommen häufig über frühere Erfahrungen in unser Innerstes. An viele davon können wir uns nicht mehr erinnern. Und das macht die Sache kompliziert, mit Gesprächen an ihnen zu arbeiten. Das erklärt auch, weshalb manche ein Problem zehn Jahre lang erfolglos mit ihrem Coach besprechen. Denn diese Programmierungen lassen sich nicht einfach wegdiskutieren. Unsere Gehirnschwingungen, die wir mittels Frequenzmessgeräten messen können, sinken auf ein niedrigeres Niveau, wenn unser Unterbewusstsein aktiv ist. Unser rationaler Anteil arbeitet auf höheren Frequenzen. Das wäre so, als würde der Coach im rationalen Gespräch versuchen, mit einem Funkgerät das Unterbewusstsein seines Klienten erreichen zu wollen, um das Problem zu lösen und dabei die falsche Frequenz eingestellt hat. Jede Frau kennt das Problem, wenn sie erfolglos versucht, während der Sportschau mit ihrem Mann ein Problem auszudiskutieren. Er ist abgetaucht in die Niederungen des Fußballfeldes …

Wie Suggestionen wirken

„Aber Achtung: Ich möchte nicht, dass irgendjemand von Ihnen denjenigen verurteilt, der diese Veranstaltung verlässt. Denn das ist sein gutes Recht! Ich habe es extra für Sie mit der Unternehmensleitung ausgehandelt!“

Erkennen Sie die Suggestion wieder, die ich vor den 50 Führungskräften einbrachte? Jeder von uns weiß aus der Kindheit, wie schlimm es war, von anderen schlecht beurteilt zu werden. Wurden Sie früher mal in der Schule gehänselt? Jeder von uns hat mindestens eine negative Referenzerfahrung in der Vergangenheit machen müssen, für eine Fehlentscheidung gelitten zu haben. Durch die vorherige Suggestion, dass die Kollegen womöglich negativ reagieren könnten, wird die Entscheidung, das Seminar zu verlassen, maßgeblich beeinflusst. In diesem viertägigen Führungskräftetraining hat sie zumindest bestens funktioniert.

Suggestionen steuern unsere inneren Programme an,

wie beim Computer. Alles, was bei uns auf der Festplatte abgespeichert ist, kann gestartet werden. Lächelt Sie jemand an, steuert das direkt Ihr vorhandenes Sozialprogramm an und Sie werden zurücklächeln. Streckt jemand Ihnen zur Begrüßung die Hand hin, werden Sie diese Geste erwidern. Testen Sie es einmal aus, Ihre Hand zu verweigern. Es ist ein ganz komisches Gefühl. Dieser kleine Test macht deutlich, welche Widerstände nötig sind, um gegen unsere inneren Programmierungen anzukämpfen. Es könnte einen Konflikt nach sich ziehen, und wer will das schon bewusst erzeugen?

Sie besitzen also einen unermesslichen Speicher aus bewusst oder unbewusst getroffenen Erfahrungen.

Und jetzt wird es spannend.

Treffen Sie mit Menschen zusammen, deren Erfahrungen ähnlich sind, fühlen Sie sich wohl. Anders ausgedrückt: Der Mensch, der Ihnen am liebsten ist, sind Sie selbst. Der Mensch, der Ihnen am zweitliebsten ist, ist die Person, die Ihnen am ähnlichsten ist. Wir benötigen die Zustimmung von anderen. Wir suchen den gleichen Nenner. Das ist unser vorrangigstes Ziel. In einem Beziehungssystem, in dem wir Bestätigung finden, ist für uns alles in bester Ordnung.

Glücklicherweise gibt es ganz viele Menschen, deren Programme ähnlich laufen wie bei uns. Das macht das Zusammenleben und Zusammenarbeiten überhaupt erst möglich. Und das macht das Instrument *suggestiver Hebel* so erfolgreich. Mit Suggestionen steuern Sie tief abgespeicherte Erfahrungen und Bilder an. Viele von diesen Assoziationen sind genormt. Das heißt, dass der Großteil der Menschen dieselben Assoziationen abgespeichert hat. Machen wir einen kleinen Test. Ich gebe Ihnen ein paar Begriffe vor und Sie überlegen spontan, woran Sie als Erstes denken. Abgemacht? Los geht‘s:

1. Denken Sie an ein Werkzeug …
2. Denken Sie an eine Farbe …

3. Denken Sie an eine Blume …
4. Denken Sie an ein Pferd …

Mindestens 80 Prozent der Menschen denken beim Werkzeug als Erstes an einen Hammer, an die Farbe Rot, bei der Blume an die Rose und das Pferd wird meist von der Seite mit dem Kopf links oben assoziiert. Sollte es bei Ihnen nicht der Fall gewesen sein, bilden Sie eine der wenigen Ausnahmen. Ich vermute, dass es mit der ersten Referenzerfahrung zu tun hat, die Sie in Ihrem Leben gemacht haben. Es ist sehr wahrscheinlich, dass das erste Pferd, das Sie in einem Bilderbuch als kleines Kind gesehen haben, von der Seite mit dem Kopf links oben gezeichnet wurde. Bei Werkzeug, Farbe und Blume entscheidet Ihre stärkste Emotion und die Häufigkeit des Gebrauchs, die Sie damit verbinden. Arbeiten Sie häufig mit einer Dampframme, wird das erste Werkzeug, an das Sie denken, eine Dampframme sein.

Weil Menschen häufig gleiche oder ähnliche Verbindungen herstellen, ist der Einsatz von Suggestionen so erfolgreich und lässt uns die Denkprozesse anderer Menschen steuern. Glauben Sie nicht, dass es den anderen missfällt. Sie lieben es sogar. Warum gehen Menschen wohl so gerne ins Kino oder schauen fern? Um emotional manipuliert zu werden. Jeder erfolgreiche Regisseur weiß genau, wie er die unterschiedlichen Emotionen des Zuschauers steuern kann – was gezeigt werden muss, damit er weint, lacht, hasst oder seinen Gerechtigkeitssinn hochfährt. Und das ist der Schlüssel: Regisseur für Befindlichkeiten zu werden. Das ist die erfolgreiche Arbeit einer Führungskraft. Jeder Mitarbeiter hat unbefriedigte Bedürfnisse. Sich mit diesem Thema zu beschäftigen, befördert Sie in eine gute Ausgangsposition. Sie gehören zur Ausnahme. Weil der Umgang mit Lob und Anerkennung in Deutschland im Nanobereich liegt, könnten Sie mit kleinen Veränderungen herausstechen und ein leuchtendes Beispiel in Ihrem Unternehmen werden. Wie wär's?

Schauen wir uns das Beispiel mit den 50 Führungskräften, die vier Tage ein Seminar von mir erhalten sollten, noch einmal genauer an. Welche Suggestionen stecken in dieser kurzen Ansprache?

„Ich blicke hier in Gesichter mit unterschiedlichem Erfahrungsstand. Sicher wissen einige von Ihnen, dass Ihnen dieses Seminar wertvolle Erkenntnisse liefern wird, die Ihnen die Personalführung erleichtern und mit denen Sie somit viel Zeit sparen können. Andere von Ihnen, die schon lange als Vorgesetzte tätig sind, vermuten vielleicht, dass diese vier Tage verschwendete Zeit sein könnten. Speziell für diese Führungskräfte habe ich mit der Unternehmensspitze etwas ausgehandelt. Ich habe mit Ihren drei Vorständen vereinbart, dass Sie in der Mittagspause das Seminarhotel verlassen dürfen, wenn Sie bis dahin nicht davon überzeugt sind, dass dieses Seminar Ihre Tätigkeit als Führungskraft erleichtern und vereinfachen wird. Sie melden sich bei mir persönlich ab und gehen an Ihren Arbeitsplatz zurück. Aber Achtung: Ich möchte nicht, dass irgendjemand von Ihnen denjenigen verurteilt, der diese Veranstaltung verlässt. Denn das ist sein gutes Recht! Ich habe es für Sie mit der Unternehmensleitung ausgehandelt!"

Ich habe mich in die Situation dieser Führungskräfte versetzt. Manche dachten „oh Gott, was soll ich hier", manche waren gespannt und freuten sich auf das Seminar. Ich habe mir also vorab Gedanken über die Erwartungshaltung der Teilnehmer gemacht und sie angesprochen. Da es für alle Anwesenden eine nicht alltägliche Situation war, waren die normalen Schutzmechanismen hochgefahren. Um diese Widerstände abzubauen, habe ich als Erstes etwas gesagt, das jeder bestätigen konnte und die Erwartungshaltungen angesprochen. Ich sagte, was ich sah: Menschen unterschiedlichen Alters und unterschiedlicher Erfahrungen. Jeder konnte dem zustimmen – kein innerer Protest. Dann sprach ich die beiden unterschiedlichen Parteien an: Erst die Personen, die sich auf das Seminar freuten, ich teilte ihnen mit, welche ihrer Erwartungen sich erfüllen würden. Und dann die andere Gruppe, die keine Lust drauf hatte, bei dieser sprach ich ihre Bedenken an. Bis hierher konnte keiner widersprechen und alle fühlten sich (unbewusst) wahrgenommen und verstanden. Dann habe ich meine Machtposition deutlich gemacht, indem ich äußerte, dass ich mit den drei obersten Bossen des Unternehmens für die Seminarteilnehmer etwas ausgehandelt hatte. Nicht jeder kommt so ohne Weiteres in diesen Elfenbeinturm. Und dann der Vorstandsebene auch noch diese sportliche Forderung abzuringen, hat sicher den einen oder anderen beeindruckt. Jetzt kam ich mit einem attraktiven Angebot daher. Durch die Erlaubnis der Vorstände hatte jeder Teilnehmer das subjektive Empfinden, selbst entscheiden zu dürfen, zu bleiben oder zu gehen. Nur das Gefühl zu haben, selbst entscheiden zu dürfen, entspannt die Lage bereits extrem. Hier ist entscheidend, dass ich tatsächlich die Rückendeckung der Konzernführung hatte. Hätte ich da die Unwahrheit gesagt, hätte das jeder im Raum mitbekommen, wie wir von Manfred Spitzer erfahren haben. Genauso würde jede Leserin und jeder Leser dieses Buches intuitiv spüren, wenn diese Geschichte nicht stimmen würde. Seien Sie sich dessen sicher, dass Ihre Mitarbeiter ebenfalls merken, ob Sie die Wahrheit sagen oder nicht. Mein Angebot an die Seminarteilnehmer war allerdings an eine Bedingung geknüpft: Wer gehen wollte, musste sich persönlich bei mir abmelden. Damit habe ich mich zum Boss der Veranstaltung gemacht und Oberstatus gezeigt. Wenn Sie das Modul *Status* in diesem Buch bereits gelesen haben, wissen Sie, wovon ich spreche. Außerdem habe ich mit der Aufforderung, sich bei mir abmelden zu müssen, für die meisten eine riesige Hürde aufgebaut. Als Letztes gab ich die Suggestion, dass die Möglichkeit bestehen könnte, für das Verlassen des Seminars von Kollegen verurteilt zu werden. Man benötigt eine besondere Willensstärke, dann noch zu gehen. Danach schalten alle rationalen Rechtfertigungsprogramme darauf, gute Impulse mitnehmen zu wollen – wenn man schon mal da ist. Jeder Seminarteilnehmer hatte das Gefühl bekommen, selbst entschieden zu haben, am Seminar teilzunehmen. Vielleicht fragen Sie sich jetzt, ob ich nicht ein schlechtes Gewissen habe, Menschen so bewusst zu manipulieren? Meine Antwort: Nein, denn ich werde genau dafür schon seit über 20 Jahren bezahlt. Jeder, der sich zu einem Seminar anmeldet, zu einem Vortrag oder ins Kino geht, weiß, dass seine Gedanken gelenkt werden. Und – je besser Ihre Gedanken gelenkt werden, desto begeisterter und zufriedener verlassen Sie die Veranstaltung.

Meine Tipps:
Ob vor der Gruppe oder im Einzelgespräch – in vielen Situationen können Sie wie folgt vorgehen:

- Schaffen Sie Kontakt:
  in die Augen schauen, wohlwollende Einstellung

- Nehmen Sie wahr, was gerade ist:
  „Ich sehe, Sie haben gerade …“, „Ich habe gerade den Eindruck, dass …“

- Sprechen Sie das unbefriedigte Bedürfnis an:
  „Ist das so, dass Sie jetzt lieber …“, „Wünschten Sie sich …“, „Ich könnte mir vorstellen, dass …“

- Befriedigen Sie das Bedürfnis nach Solidarität:
  Machen Sie deutlich, dass Sie als Chef das gleiche Ziel haben wie Ihr Mitarbeiter.

- Erarbeiten Sie gemeinsam einen Weg, das Ziel zu erreichen:

„Dann machen Sie jetzt Folgendes: …“, „Was brauchen Sie dafür von mir?“

- Treffen Sie ein Commitment:
  „Habe ich Sie richtig verstanden, dass wir jetzt eine Vereinbarung haben, dass Sie …“

- Setzen Sie einen suggestiven Hebel:
  „Weil wir das jetzt bearbeitet und besprochen haben, wird das Projekt am … umgesetzt sein. Danke, ich weiß, dass ich mich auf Sie verlassen kann!“

Wie bereits bemerkt, kann dieses System nur dann funktionieren, wenn Sie es mit den Menschen ehrlich meinen. Respekt ist die entscheidendste Ressource, wenn es um den Umgang mit Menschen geht. Weil wir jetzt so ausführlich über das Thema Respekt gesprochen haben und weil Sie nun um die Wirkung suggestiver Hebel wissen, werden Sie in Zukunft Ihre innere Haltung Ihren Mitarbeitern gegenüber mehr und mehr verbessern.

Sieben suggestive Hebel für Ihren Erfolg – „… die Macht wird mit Ihnen sein!“

Suggestionen bestimmen unser Leben. Sie sorgen dafür, dass bei uns ein Denkprozess ausgelöst wird. Ihr direkter Vorgesetzter bespricht mit Ihnen, wie Sie mit Ihrem Team ein großes Projekt starten können. Als letzten Satz sagt er: „Keinen Misserfolg bitte! Stellen Sie sich vor, wenn Ihr Projekt in die Hose ginge …“ In diesem Moment läuft Ihnen ein Schauer über den Rücken. Ihr Chef suggerierte Ihnen ein angsteinflößendes Bild. Das jetzt wieder aus dem Kopf zu bekommen, es nicht an Ihr Team weiterzuleiten, ist schier ausweglos. Das Wort, das einmal gesagt wurde, wirkt wie ein Virus in Ihrem Kopf. Suggestionen sind nicht nur Worte, sondern alles, was Ihre Wahrnehmung beeinflusst.

Den Ausdruck *suggestiver Hebel* habe ich von Dirk Treusch aus der Hypno-Coaching-Ausbildung übernommen. Er drückt aus, dass die Suggestion im Vergleich zur Investition einen viel höheren Gewinn darstellt. Sie können kein Auto seitlich anpacken und allein auf die Seite legen, denn es wiegt zwischen einer und zweieinhalb Tonnen. Haben Sie allerdings einen Hebel, der stabil und lang genug ist, können Sie das spielend. Meist ist dieser Hebel, den ich meine, nur ein gesagter oder geschriebener Satz, eine symbolische Geste oder nichts weiter, als dass Sie einen Raum in einer gewissen Art und Weise betreten. Gezielt eingesetzt und professionell durchgeführt, hebeln Sie die Last Ihrer schweren Führungsaufgabe spielend aus.

Einige suggestive Hebel stelle ich Ihnen nun vor. Manche werden Sie bereits kennen. Andere kommen Ihnen vielleicht neu vor. Sobald Sie sich jeweils eine konkrete Vorstellung von meinen Beispielen gemacht haben, beginnt für Sie bereits die Umsetzung in Ihrem Führungsalltag. Sie werden es nicht mehr abstellen können, Ihre Mitarbeiter mittels dieser Hebel zu unterstützen, und sie unbewusst einsetzen. Es wirkt so ähnlich wie das Beispiel mit den Vexierbildern aus dem Modul Face-Reading. Erinnern Sie sich?

1. suggestiver Hebel: Framing

Wie viel Kraftstoff verbraucht Ihrer Meinung nach ein Containerschiff pro Tag? Was meinen Sie, sind es ca. 5.000 Liter Diesel oder mehr als 100.000 Liter pro Tag, die ein Ozeanriese auf hoher See in die Luft bläst? Ich habe Ihnen in dieser Fragestellung bereits einen Bezugsrahmen gesetzt. Ihre Gedanken habe ich somit vorprogrammiert. Wenn Sie die Antwort kennen, fällt es Ihnen leicht, sich zu entscheiden. Sind Sie jedoch vollkommen ahnungslos, sind Sie über eine Eingrenzung der Antwort dankbar. Der Nachteil ist, dass ich Ihre Gedanken somit festsetze. Es wird Ihnen schwerfallen, aus diesem Korsett auszubrechen.

Vielleicht sind Sie einmal in einem Möbelhaus gefragt worden, wie viel Sie für einen neuen Bürostuhl investieren möchten. Nehmen wir an, dass Sie etwa 500 Euro ausgeben wollen, so erhalten Sie drei Angebote. Ein günstigeres Angebot für ca. 250 Euro, ein Angebot über 720 Euro und eines über 1.200 Euro. Für welches werden sich die meisten Bürostuhlkäufer wohl entscheiden? Richtig! Für die goldene Mitte. Es ist zwar mehr, als Sie ausgeben wollten, aber dafür erhalten Sie ja bessere Qualität. Das nennen wir *Bezugsrahmen setzen* oder *Framing*. Diese Marketingtechnik ist mittlerweile altbekannt. Wenn es im Vertrieb vorzüglich funktioniert, können Sie Bezugsrahmen auch in Verhandlungen mit Ihren Mitarbeitern setzen. Das Dreierangebot kennen zu viele und würden es als Manipulationsversuch verärgert ablehnen. Probieren Sie es aus, einen Bezugsrahmen zu setzen, beispielsweise bei einer Terminvereinbarung mit dem Betriebsrat. Wenn Sie die Kontrolle behalten wollen, geben Sie zwei Termine vor. Und nennen Ihren Favoriten zum Schluss. Kleiner Tipp: der Frame funktioniert am besten, wenn Sie eine kleine Verwirrung einbauen:

„Herr Betriebsratsvorsitzender, wäre es Ihnen am Mittwoch um 15:00 Uhr recht oder lieber Dienstag um elf?"

Sie werden erstaunt sein, wie es klappt, dass Sie den zeitlich späteren Termin (Mittwoch) vor dem zeitlich früheren Termin nennen. Hierbei gehen die Gedanken des Betriebsratsvorsitzenden als Erstes darum, weshalb Sie wohl erst den Mittwoch nannten und dann den Dienstag. Bei dieser Ablenkung hat er keine Zeit und Gelegenheit, zu rebellieren. (Jetzt hoffe ich, dass Sie einen Betriebsrat haben, der noch nicht von mir in *psychologischer Verhandlungsführung mit Respekt* geschult wurde.)

Um auf die Frage vom Anfang zurückzukommen: Hätten Sie gedacht, dass ein Containerschiff pro Tag einen Kraftstoffverbrauch von 2,9 Millionen Liter Diesel hat? Das meinte ich mit dem Korsett und der suggestiven Wirkung von Bezugsrahmen.

2. suggestiver Hebel: visuelles Argumentieren

Sie erklären Ihren Mitarbeitern bei einem Meeting ein paar Zahlen, Daten und Fakten. Sie möchten sie davon überzeugen, durch ein paar kleine Verhaltensänderungen dem Unternehmen viel Geld zu sparen. Jeder, der schon mal mit chronisch unterbezahlten Arbeitnehmern über dieses Thema gesprochen hat, weiß, was das heißt. Das meine ich durchaus respektvoll. In manchen Bereichen wird tatsächlich extrem wenig für Facharbeit investiert. Das soll hier nicht das Thema sein. Sie als Führungskraft haben eine Vorgabe von oben erhalten, diese Sparmaßnahmen umzusetzen. Natürlich wissen Sie, dass es indiskutabel ist, mit der Körperhaltung und Kommunikationsart eines geprügelten Hundes Ihre Argumente vorzutragen:

„Also sorry Jungs und Mädels, wir müssen was ändern. Ich habe diese Maßnahmen nicht ausgedacht und ich bin genauso betroffen wie ihr …"

Es würde auch Ihren Status als Vorbild vernichten. Gehen Sie stattdessen auf die momentane Situation Ihres Teams ein und liefern eine denkbare Lösung. Bei der Präsentation der Fakten halten Sie einen Prospekt, eine Fachzeitschrift oder einen Ordner hoch:

„Mit diesen geprüften Maßnahmen hier", Zeitschrift hochhalten, „können wir spielend die sinnvollen Schritte umsetzen!"

Für diese Zwecke habe ich immer ein altes Manager-Magazin im Koffer, damit ich bei Präsentationen visuell argumentieren kann. Es ist gleichgültig, ob es sich wirklich um die oben genannte verfasste geprüfte Maßnahme handelt oder um einen Aldi-Prospekt. Die Glaubwürdigkeit erhöht sich um ca. 35 Prozent. Sie sollten nur darauf achten, dass Sie nicht auffliegen, wenn Sie zu einem Fake greifen. Das wäre nicht nur peinlich, sondern auch der Totalverlust Ihres Ansehens. Wenn Sie überzeugt von der Maßnahme sind und das Beste für Ihre Mitarbeiter *und* das Unternehmen wollen, wenn Ihre innere Haltung loyal Ihren Mitarbeitern gegenüber ist, haben Sie Erfolg mit der Methode. Sie werden die Widerstände Ihres Teams minimieren und schneller Überzeugungsarbeit leisten können. Und das mit minimalem Zeitaufwand.

3. suggestiver Hebel: geben und nehmen

Ein Gesetz des Erfolges heißt: investieren und dann Gewinn erwirtschaften oder, kurz ausgedrückt, geben und nehmen. Es heißt nicht: nehmen und dann erst geben – vielleicht –, schauen wir mal …

Grundsätzlich gilt, dass sich Menschen für das, was sie bekommen haben, revanchieren wollen. Sie fühlen sich so lange dem Geber gegenüber verpflichtet, bis die Schuld nach dem individuellen Empfinden abgegolten ist. Sie setzen alles daran, einen Ausgleich herzustellen. Werden Sie bei Ihren Mitarbeitern als großer Geber wahrgenommen, fühlen diese sich verpflichtet, Ihnen mit ihrer Zeit und/oder ihrer Leistung etwas zurückzugeben. Schwarze Schafe sind echte Ausnahmen. Nutzen Sie diesen starken suggestiven Hebel und Sie werden nicht nur die Leistungsbereitschaft im Team maßgeblich verändern, sondern auch die Stimmung. Denn, ist der Ausgleich erbracht, empfinden wir das als Erfolg.

Meinen Sie, dass Sie es sich wirtschaftlich nicht leisten können, weil Sie vielleicht für 2.500 Mitarbeiter zuständig sind? Nein! Denn die Anzahl Ihrer direkten Untergebenen ist relativ klein. Diese können das System *geben und nehmen* dann in ihrem jeweiligen Team weiterführen. Die Stimmungsänderung fällt auf und findet Nachahmer. Und auch hier werden Sie als Vorbild wahrgenommen.

Die innere Verpflichtung entsteht bei Ihren Mitarbeitern nur dann, wenn die Gegenleistung vom Geber nicht vorher als Bedingung eingefordert wird, so wie hier.

„Hallo, liebes Team, schauen Sie mal. Ich habe für unser heutiges Meeting extra Kuchen für Sie mitgebracht. Dafür erwarte ich jetzt aber, dass alle schön kreativ mitdenken!"

Wenn diese freiwillige Geste ausgenutzt und als Bestechungsversuch gewertet wird, verfehlt die Maßnahme logischerweise ihr Ziel erheblich. Haben Sie große Bedenken, dass Ihre Gabe von Ihren Mitarbeitern ausgenutzt wird, und glauben, dass später nichts zurückkommt, ist das *Ihr* schwerwiegendes Defizit. Wer nicht wagt, der nicht gewinnt. Sie arbeiten ja schließlich in einem Wirtschaftsunternehmen. Sehen Sie es mal so: Das Vertrauenskonto bei Ihren Mitarbeitern ist bereits im Minus. Ihre Aufgabe besteht jetzt erst mal darin, mit Vorschussmaßnahmen in die Gewinnzone zu kommen. Solange das Verpflichtungsgefühlskonto bei Ihren Mitarbeitern noch nicht im Plus ist, können Sie keine Ernte einfahren – ein einfaches Wirtschaftsgesetz. Wenn Sie vor einem kalten Ofen sitzen und ihn anfeuern wollen und in der einen Hand ein Stück Holz und in der anderen Hand ein brennendes Streichholz haben, versuchen Sie es mal anders herum und sagen:

„Lieber Ofen, gib mir Wärme, dann bekommst du von mir Feuer!"

Sie brauchen kein Geld in die Hand zu nehmen. Es reicht bereits aus, wenn Sie beim Kaffeeholen auf den Knopf drücken und Ihre Sekretärin fragen, ob sie auch einen möchte.

Schaut diese dann verdutzt, haben Sie das wohl lange nicht mehr gemacht und das Konto Ihrer Sekretärin ist im Minus. Füllen Sie es auf.

Es geht auch anders. Eine Firma, die meine Dienste regelmäßig in Anspruch nimmt, handelt genau nach dem Prinzip *geben und nehmen*. Keiner von den 120 Mitarbeitern wird in irgendeiner Art und Weise kontrolliert, weder in der Zeiterfassung noch in der Qualität der Leistung. Es herrscht seitens der Geschäftsführung ein allgemeines Vertrauen in die Loyalität und Leistungsbereitschaft jedes Mitarbeiters. Rechnungen von Lieferanten und Dienstleistern überweist die Buchhaltung innerhalb eines Tages nach Rechnungseingang. Nicht nur den Mitarbeitern wird Vertrauensvorschuss gewährt, sondern auch den Kunden. Es herrscht offene und wertschätzende Kommunikation. Probleme werden wohlwollend und lösungsorientiert bearbeitet. Die Angestellten gehen gerne zur Arbeit und fühlen sich ihrem Chef in besonderer Weise verpflichtet. Es wurden extra Köchinnen eingestellt, um täglich frisches und gesundes Mittagessen für die Belegschaft bereitzustellen. Auf Wünsche für die Zubereitung oder gesundheitliche Eigenheiten der Mitarbeiter wird besonders eingegangen. Die Gesundheit der Mitarbeiter ist der Geschäftsführung wichtig. Kaffee, Tee und kalte Getränke sind kostenlos verfügbar. Ein privates Gespräch zwischen Tür und Angel wird durchaus akzeptiert, weil die Führungsebene weiß, dass zwischen zwei Arbeitsgängen eine psychologische Pause und ein paar Minuten Abstand guttun. Ungezwungener Umgang und sich frei fühlen zu können wird von den Mitarbeitern mit viel Engagement und Loyalität honoriert. Diesem Unternehmen ist das Wohl seiner Belegschaft oberste Priorität und Kundenservice wird großgeschrieben.

Es mag sein, dass diese Maßnahmen für viele Geschäftsführer befremdlich klingen, weil es in der Mehrzahl der Unternehmen in Deutschland allein von der Anzahl der Mitarbeiter nicht möglich erscheint, Köche einzustellen, die dann auch noch auf Besonderheiten der Mitarbeiter eingehen oder kostenlos Getränke bereitzustellen. Aber Sie als Führungskraft können ein wertschätzenderes Klima in Ihrem Bereich erwirken, als es vielleicht momentan der Fall ist. Einige Führungskräfte, mit denen ich zu tun habe, sind der Meinung, dass auf Animositäten keine Rücksicht genommen werden kann. Anstatt *geben und nehmen* sind sie der Meinung: wie du mir, so ich dir!

Ich möchte Sie mit diesem Teil ermuntern, über Ihre Möglichkeiten nachzudenken, diesen starken suggestiven Hebel einzusetzen. Überlegen Sie, was es mit Ihnen macht, wenn Sie jemandem etwas schenken. Ist es nicht so, dass Sie sich selbst etwas Gutes tun, wenn Sie Freude bereiten? Im Grunde genommen beschenken Sie sich selbst. Sie überlegen sich lange vorher, wie Sie demjenigen eine Freude machen könnten. Dann haben Sie eine Idee und setzen sie um. Die Vorfreude wächst, weil Sie es kaum abwarten können, bei der Übergabe in die leuchtenden Augen zu schauen. Tag X kommt, Sie bereiten sich vor, stellen sich in Position, finden die richtigen Worte und präsentieren Ihr Geschenk. Ihr Beschenkter freut sich unglaublich stark, weil kein Anlass in der Nähe war. Weihnachten war bereits und Geburtstag ist noch lange hin. Ihr Geschenk kam einfach so. Das erhöht die Freude um ein Vielfaches. Wie fühlen Sie sich in solch einer Situation?

Nutzen Sie die Gelegenheit auch im stressigen Arbeitsalltag, Ihren Mitarbeitern etwas zu geben, einfach so. Dieser suggestive Hebel verfehlt seine Wirkung nie.

4. suggestiver Hebel: der Entscheidungsverstärker

Vor Ihnen sitzt eine Ihrer Mitarbeiterinnen und schaut Sie teils neugierig, teils skeptisch an. Sie beide haben soeben ein

Einzelgespräch geführt. Ihre Mitarbeiterin kam zu Ihnen, weil sie in ihrem Arbeitsbereich unzufrieden war. Sie fühlte sich nicht richtig ausgelastet und hatte das Gefühl, dass sie eine Veränderung braucht. Möglichkeiten gibt es in Ihrem Unternehmen genügend. Nun haben Sie sich als ihr direkter Vorgesetzter Zeit genommen und mit ihr einen Plan ausgearbeitet, der eine Veränderung ihrer Arbeitsumstände vorsieht. Sie selbst sind überzeugt davon, dass der Plan für Ihre Mitarbeiterin umsetzbar ist und sie zu ihren gewünschten Ergebnissen führt.

In solchen Momenten verpassen viele Gesprächsführer die unglaubliche Chance, einen der effektivsten suggestiven Hebel anzusetzen, den ich bei Dirk Treusch kennengelernt habe. Neue Denkmuster sind für uns wie zarte Pflänzchen, die behütet und gepflegt werden müssen. Neues wird von unserem Unterbewusstsein und vom Wächter vorerst abgelehnt, weil alte Verhaltensmuster dagegenstehen. Neue Gedanken müssen erst mal lange überprüft werden, bevor sie integriert werden. Die Killerphrasen „Das haben wir ja noch nie gemacht" und „Wo kommen wir denn da hin, wenn …" sind sehr starke Argumente unseres Wächters. In der Planungsphase hatte die Mitarbeiterin in unserem Beispiel keine Bedenken wegen der Umsetzung. In dieser Phase war sie noch in der ersten kreativen Denkebene, wie Sie sie im Modul *Vorbild* kennengelernt haben, und war offen für Neues. Dann, bei der Entscheidungsphase, in der festgelegt werden sollte, einen anderen Arbeitsbereich zu übernehmen, blitzten ein paar skeptische Gedanken auf. In dieser kritischen Situation braucht der Wächter Ihrer Mitarbeiterin noch einen kleinen Schubs, um die Tür zum Unterbewusstsein aufzumachen und das neue Verhaltensprogramm zu integrieren. Den Schubs, den ihr Wächter jetzt braucht, bekommt er von Ihnen, indem Sie zum Abschluss sagen:

„Weil Sie den Mut gehabt haben, zu mir zu kommen und weil wir jetzt einen optimalen Plan ausgearbeitet haben,

werden Sie unser gemeinsames Projekt zum Erfolg bringen. Ich bin mir da ganz sicher!"

Dieser Schlusssatz ist der suggestive Hebel. Mit diesem Schlusssatz geben Sie Ihrer Mitarbeiterin die Sicherheit, die sie benötigt, um das Vorhaben gedanklich zu festigen.

Ich möchte an dieser Stelle auf die wichtigen Einzelheiten dieses suggestiven Hebels eingehen: Kurz nachdem wir eine Entscheidung getroffen haben, melden sich alte Erfahrungen aus unserem Unterbewusstsein, die die getroffene Entscheidung infrage stellen. „Willst du das wirklich? Und du meinst, du schaffst das wirklich? Was passiert, wenn das schiefgeht?" Je häufiger wir unser Leben aus dem Rückspiegel betrachten, desto stärker sind skeptische Gedanken. In diesem Moment hilft uns die Bestätigung eines von uns akzeptierten Vorbilds, das den 4. suggestiven Hebel ansetzt.

„Weil Sie das jetzt getan haben, wird es funktionieren!"

„Weil Sie jetzt diesen Schwung haben, wird das Projekt klappen!"

„Weil Sie jetzt diese Entscheidung getroffen haben, werden Sie Erfolg damit haben!"

Das Grundgerüst ist einfach und klar: „Weil Sie …, werden Sie …!"

So einfach kann es sein, Entscheidungen zu festigen und Erfolge abzusichern. Schwierigkeiten, die während der Durchführung entstehen, werden dann als Aufgaben ohne negative Emotionen angenommen und bearbeitet. Ohne diesen Hebel jedoch wird bei den ersten Hürden gleich wieder die gesamte Entscheidung an sich infrage gestellt. „Siehste, wusste ich doch!! Kann nicht klappen!" Wie stark muss man sein, das Vorhaben dann doch erfolgreich umzusetzen? Wie viel Energie benötigt man, diesen Widerständen zu trotzen?

Dieser suggestive Hebel basiert auf einem einfachen psychologischen Prinzip. Um uns entscheiden zu können und diese Entscheidung auch für uns tragfähig zu machen, brauchen wir eine Erklärung. Das ist alles. Unsere Kernfrage nach dem *Warum*, muss beantwortet werden. Es spielt in den meisten Fällen keine wesentliche Rolle, ob diese Erklärung Sinn ergibt. Ja, Sie haben richtig gelesen. Irgendeine Erklärung reicht aus. Und das hat nichts mit Intelligenz zu tun. Vor längerer Zeit sah ich im Fernsehen ein kleines Experiment, in dem eine junge Fernsehmitarbeiterin sich in eine Warteschlange vor einer Imbissbude stellte und die Leute fragte, ob sie sie vorlassen würden. Viele lehnten ab. Nach einiger Zeit wurde der Versuch modifiziert, indem die junge Fernsehmitarbeiterin eine Erklärung dazulieferte. Sie sagte: „Würden Sie mich bitte vorlassen, weil ich rote Schuhe habe?" Interessanterweise haben sich die Leute bis auf wenige Ausnahmen darauf eingelassen.

Das Ganze geht zurück auf die Untersuchungen der Harvard-Professorin Ellen Langer. Sie hat in den 1970ern eine Versuchsreihe gestartet, um dieses Phänomen zu untersuchen. In einem ihrer Versuche warteten Menschen vor einem Kopierer darauf, dass sie endlich ihre Vervielfältigungen machen konnten. Ein Mitarbeiter von Ellen Langer bat darum, vorgelassen zu werden:

„Verzeihung, dürfte ich bitte vor, ich habe nur ein paar Kopien, weil ich kopieren muss!" Macht dieser Satz Sinn? Nein! Ist er erfolgreich? Ja! Mehr als 91 Prozent aller Befragten ließen den Mitarbeiter vor. Jetzt könnte man meinen, dass nicht der Satz, sondern das im Modul *Status* behandelte Verhalten ausschlaggebend gewesen sein könnte. Leider nein. Ellen Langer nahm unterschiedlichste „Lockvögel" mit unterschiedlichem Statusverhalten. Ihren Untersuchungen nach, wurde der Nachsatz „... weil ich kopieren muss" als Ausschlag gewertet. Denn als sie auf ihn verzichten ließ, haben lediglich weniger als 58 Prozent der Wartenden zugestimmt. Somit hat sie bewiesen, dass, wenn Sie um etwas bitten, es die Entscheidung immer erleichtert, wenn Sie diese begründen.

Mein Tipp: Nutzen Sie diesen effektiven 4. suggestiven Hebel, um Entscheidungen – eigene oder die Ihrer Mitarbeiter – abzusichern. Das System ist klar und einfach: „Weil Sie ..., werden Sie ...!"

- in Meetings: „Also, weil wir jetzt die Kundenmaßnahme so gut besprochen haben, werden wir viele positive Rückmeldungen von unseren Kunden bekommen."
- im Einzelgespräch: „Weil Sie jetzt diese Entscheidung getroffen haben, werden Sie Erfolg damit haben!"
- beim Loben: „Weil Sie jetzt diesen Schwung haben, wird das Projekt klappen!", „Weil Sie das jetzt getan haben, wird es funktionieren!"

Weil Sie diesen Absatz nun gelesen haben, wird es bei Ihnen funktionieren! Ich weiß das!

5. suggestiver Hebel: die Sucht nach Solidarität

- „Findest du nicht auch, dass der neue Chef irgendwie zugänglicher und sympathischer ist als der alte?"
- „Mir gefällt das neue Büro hervorragend! Ihnen auch?"
- „Klasse, oder?"

Eine der ältesten Überlebensstrategien in unserem Unterbewusstsein ist unsere Sucht nach Solidarität. Stellen Sie sich bitte eine Siedlung in der Wildnis lange vor unserer Zeit vor. In der Dorfgemeinschaft benimmt sich jemand massiv daneben. Wenn dieser dann von der Gemeinschaft ausgestoßen und allein in den Urwald gejagt wurde, war das sein sicheres Todesurteil gewesen. Diese Todesangst, aus der Gemeinschaft ausgestoßen zu werden, besteht bei uns noch heute. Wir suchen und brauchen das gesellschaftliche Netz, weil die Überzeugung zu groß ist, allein nicht überleben zu können. Rational betrachtet ist diese Angst unbegründet, denn wenn Sie es sich mit Ihrem Team verscherzen, wartet irgendwo eine neue Arbeitsstelle oder eine neue Herausforderung auf Sie. Und doch, das Gemeinschaftsgefühl ist wichtig – überlebenswichtig. Die stärkste Absicherung unserer Sucht nach Solidarität ist das Gefühl, ein Teil vom Team zu sein. Damit erhalten Sie genau das, was Ihr Urzeitprogramm einfordert. Da stellt sich doch die Frage, wie erreichen Sie es? Müssen Sie dafür die Meinung der anderen annehmen und Ihre eigene über Bord werfen? Wie viele Kompromisse sind dafür nötig?

Der 5. suggestive Hebel befasst sich mit der Erzeugung eines Zusammengehörigkeitsgefühls. Wenn Sie sich Ihr Team in seiner Vielfalt anschauen, was macht diese spezielle Gemeinschaft aus? Was ist das Besondere oder was ist bei Ihnen in der Gruppe anders? Vielleicht die Art, wie Sie miteinander kommunizieren? Wofür schätzen Sie Ihr Team? Wie stabil ist der Zusammenhalt?

Wollen Sie diese Besonderheit stärken, können Sie Formulierungen verwenden, die Ihren Gemeinschaftssinn verdeutlichen, wie:

- „*Wir* haben die Möglichkeit …"
- „*Unser* Bestreben wird es sein, dass …"
- Wenn *wir* wollen, das sich etwas ändert, können *wir* …"

Wird es aus Ihrer Sprache deutlich, dass Sie sich als Teil des Teams verstehen, werden Sie automatisch mit in die Gemeinschaft eingebunden.

In unsicheren Zeiten suchen Menschen Sicherheit in der Gemeinschaft – mehr als sonst. In welcher wirtschaftlichen Lage befindet sich Ihr Arbeitsumfeld momentan? Ist die Angst vor Entlassungen groß und wird Ihnen als Führungskraft von Ihren Mitarbeitern nicht zugetraut, jeden im Team halten zu können, werden Sie aus der Teamgemeinschaft ausgeschlossen und eher als Feindbild betrachtet. In solchen Situationen zeigt sich Ihre Qualität als Vorbild, sich *vor* Ihre

Mitarbeiter stellen zu können. Mit dem Satz „Ich stehe voll *hinter* euch!" geben Sie dem Team keine Sicherheit.

Haben Sie das Gefühl, nicht zum Team zu gehören? Verstummen Gespräche, wenn Sie den Raum betreten, wird es Zeit, eine Grundsatzdiskussion zu führen. Probleme sind dazu da, gelöst zu werden. Das gilt nicht nur in der fachlichen Arbeit, sondern auch im psychosozialen Bereich. Für die Stimmung im Team werden Sie verantwortlich gemacht. Das steht nun mal fest. Der Satz: „Der Fisch fängt am Kopf an zu stinken", ist jedem bekannt – auch Ihren Mitarbeitern. Denn dadurch ist es leichter, jemanden für eine Situation verantwortlich zu machen. Egal ob Sie sich den Schuh anziehen oder nicht, nur Sie haben die Macht, die Stimmung wieder ins Positive zu drehen. Nutzen Sie gerne das Merkblatt im Anhang über das Aufstellen von Spielregeln im Team oder laden Sie es sich von meiner Website herunter. Es ist die effektivste Methode, die ich kenne, um gute Grundstimmung und ein zufriedenes Miteinander zu erzeugen.

Nutzen Sie jede Gelegenheit, dem Team zu zeigen, dass man Ihnen folgt. Machen Sie darauf aufmerksam, dass die Mehrheit hinter Ihnen steht. Stellen Sie beispielsweise im Meeting eine Behauptung auf, die größtenteils vom Team mitgetragen wird. Dann lassen Sie durch Handheben anzeigen, wer noch Ihrer Meinung ist. Lassen Sie die Zustimmung Ihrer Anordnungen in der Gruppe bildlich werden, indem Sie danach fragen. Lassen Sie keine Gelegenheit aus.

„Wer stimmt mir in diesem Punkt zu? Hand hoch!"

Heben Sie Ihre Hand als Erster und Sie werden sehen, wer sich Ihnen anschließt. Zeigen Sie, dass Sie Vorreiter sind und bleiben, und dass Sie das Heft nicht aus der Hand geben werden. Gerade in unsicheren Momenten ist es wichtig, den Kontakt zu Ihren stärksten Verbündeten im Team zu halten. Machen Sie deutlich, wie groß Ihr Zuspruch im Team ist.

Wenn Sie in ein neues Team hineinkommen, suchen Sie sich den informellen Führer dieser Gruppe, machen Sie diesen zu Ihrem Stellvertreter und Sie haben das gesamte Team hinter sich. Wie Sie herausbekommen, wer der informelle Führer ist? In Inhouse-Seminaren, in denen ich ein Team zu trainieren habe, benutze ich immer einen psychologischen Trick. Zu Beginn des Trainings stelle ich den Tagesablauf vor. Dabei frage ich in die Runde, wann wir außer der geplanten Kaffeepausen noch eine kleine Bio-Pause einrichten wollen. Entweder der informelle Führer antwortet direkt oder die Blicke gehen zu ihm. Dann habe ich ihn und benutze ihn für Entscheidungshilfen.

Sie sehen, Sie können sich die Arbeit im Team einfacher machen, wenn Sie die Sucht nach Solidarität nutzen.

6. suggestiver Hebel: Utilisieren

Beim Utilisieren machen Sie sich eine schlechte Angewohnheit oder ein Problem zu nutze, indem Sie Ihre Einstellung zu dem Problem verändern.

Das stressige Weihnachtsgeschäft naht. In der Zeit von Ende November bis Ende Dezember wird in Ihrer Firma ein erhöhtes Arbeitsaufkommen erwartet. Sie bemerken, dass die Motivation einiger Mitarbeiter schon vor Beginn dieser Zeit sinkt. Thematisieren Sie die bevorstehende Situation im Meeting. Sprechen Sie die Lage an:

„Jetzt kommt wieder das Weihnachtsgeschäft. Jeder von uns weiß, dass viel Arbeit auf uns zukommt. Die Situation ist, wie sie ist. Ändern können wir das nicht. Wir können aber unsere Einstellung ändern. Machen wir den Arbeitsaufwand zu einem Signal, dass uns die Arbeit leicht und mit Freude von der Hand geht. Je mehr Arbeit kommt, desto schneller und besser werden wir. Je besser wir werden, umso leichter fällt uns die Arbeit."

Mit diesem suggestiven Hebel verbinden Sie eine positiv empfundene Situation mit einer Störung im Arbeitsalltag.

Das geht ganz einfach, indem Sie häufiger im Meeting oder auch zwischendurch im Einzelgespräch utilisieren – also ein Problem nutzen, statt es zu bekämpfen. Die Satzkombination erleichtert es, die Störung oder das Problem zu ertragen.

Dieser suggestive Hebel hilft, eine Sachlage zu ertragen, die nicht geändert werden kann. Daraus formulieren Sie dann eine Schleife und drehen die Stimmung um. Hier noch ein paar Beispiele:

- Lärm:
  „Der Lärm, der hier herrscht, wird uns ab jetzt nicht mehr stören, sondern hilft uns, uns noch mehr zu konzentrieren und leichter zu arbeiten. Je konzentrierter wir arbeiten, umso leichter ertragen wir den Lärm."

- Gerüche:
  „Der Geruch wird uns ab jetzt nicht mehr belästigen, sondern hilft uns, die Tätigkeit besser zu bewältigen. Je besser wir die Tätigkeit bewältigen, umso weniger nehmen wir den Geruch wahr."

- Kundenkritik:
  „Jede Kundenkritik wird uns ab sofort nicht mehr belasten, sondern hilft uns, noch besser zu werden. Je besser wir werden, umso weniger kommt Kundenkritik."

Diesen suggestiven Hebel können Sie gerne mantraartig mit einem Schmunzeln benutzen, wenn Ihre Mitarbeiter es belächeln. Machen Sie sich daraus einen Spaß und bauen Sie diesen wirkungsvollen suggestiven Hebel in Ihren Arbeitsalltag ein. Anfangs wird diese häufig von Ihnen gebrauchte Redewendung Anlass zum Augenrollen Ihrer Mitarbeiter geben. Doch wenn Sie diese Sätze hartnäckig gebrauchen, benutzen Ihre Mitarbeiter diese Sätze selbst, wenn auch sarkastisch. Egal, es hilft und das ist die Hauptsache.

Ihre eigenen Widerstände, diese Redewendung zu verwenden, werden Ihnen ab sofort helfen, Ihre Einstellung zu ändern. Je größer Ihre Widerstände sind, umso häufiger werden Sie diese Technik benutzen und je häufiger Sie diese Technik benutzen, umso geringer werden Ihre Widerstände!

7. suggestiver Hebel: Lob

Über die positive Wirkung von Lob brauche ich wohl kaum etwas zu schreiben. Jeder weiß, dass Lob die meisten Ressourcen aus Ihren Mitarbeitern hervorholt. Dennoch wird es im deutschsprachigen Raum von Führungskräften sträflich vernachlässigt. Woran liegt es Ihrer Meinung nach? Vielleicht an der Einstellung *wie du mir, so ich dir*? Außerdem gibt es immer noch zu viele Menschen auf der Welt, die Lob nicht ertragen können. Sie schämen sich oder gehen in Deckung, wenn Lob auf sie zurollt. Geht es Ihnen genauso?

Nehmen wir an, wir beide kennen uns gut und Sie mögen mich. Sie denken: „Der Schröter ist so ein netter Kerl, dem mache ich zu Weihnachten mal eine richtige Freude!“ Sie zerbrechen sich den Kopf, worüber ich mich wohl freuen könnte und bekommen irgendwann im August eine spontane Eingebung. Dann gehen Sie auf die Suche, werden fündig und kaufen ein. Jetzt überlegen Sie sich, wie Sie dieses Geschenk einpacken könnten und geben sich ganz viel Mühe mit dem teuren Geschenkpapier. Sie haben extra einen Geschenk-Einpack-Kurs bei der VHS besucht und sich besonders bei der Schleife ins Zeug gelegt. Die Weihnachtszeit beginnt und Sie fiebern bereits auf den Tag unserer Begegnung hin. Sie machen sich sogar Gedanken über eine besondere Art, wie Sie mir das Geschenk präsentieren könnten. Ihr Lampenfieber steigt und der Tag ist gekommen. Jetzt stehen wir beide uns gegenüber und Sie liefern Ihr Sprüchlein und das Geschenk ab. Voller Erwartung, wie ich wohl Ihre Mühe honorieren werde, schauen Sie mir in die Augen. Ich nehme das Paket, reiße am Papier, sehe, was drin ist, schiebe es weg und sage: „Vielen Dank, das brauche ich nicht!" Wie fühlen Sie sich dann?

Machen Sie sich klar, was Sie da tun, wenn sich jemand bei Ihnen für einen Gefallen bedankt und Sie mit einer abwehrenden Handbewegung sagen: „Da nicht für!" Noch schlimmer wird es, wenn Sie dann den Blick abwenden. Es könnte wie eine Ohrfeige wirken. Was meinen Sie, wie oft er sich bei Ihnen noch bedanken oder gar um einen Gefallen bitten wird? Was hält Sie davon ab, Ihr Gegenüber freundlich anzuschauen und zu sagen: „Bitte, das habe ich gerne gemacht!"

Jeder von uns möchte gelobt werden und viele haben ein hartnäckiges Annehmproblem. Wenn Sie davon betroffen sind, empfehle ich Ihnen, Loben zu üben. Ich bekomme immer wieder von Führungskräften die Rückmeldung, dass sie es durch meine Anregung regelrecht zu einer Art Sport gemacht haben. Zu loben muss tatsächlich trainiert werden. Manchmal ist Lob auszudrücken das Problem, manchmal auch nur, daran zu denken.

Üben zu loben: Ich gehe in diesem Beispiel davon aus, dass Sie Ihre Mitarbeiter bereits lange kennen. Jeder Mitarbeiter ist anders und hat logischerweise individuelle Interessen. Überlegen Sie sich vorher, wen sie loben wollen. Ihr Lob soll natürlich auf fruchtbaren Boden fallen. Deshalb ist es wichtig, dass Sie wissen, was Ihrem Mitarbeiter von Bedeutung ist. Jemand, der auf gute Kleidung Wert legt, kann mit einem Lob bezüglich seiner Pünktlichkeit wenig anfangen. Und das macht das Loben erst anspruchsvoll. Manche Führungskräfte haben sogar eine Lob-Kartei für ihre Mitarbeiter angelegt, in der sie ein kleines Bedürfnisprofil erstellt haben. Vielleicht ist das eine Idee, die Sie übernehmen wollen. Nur zu!

Üben, daran zu denken: Eine einfache Erinnerungsstrategie wird Ihnen dabei helfen, das Lob in Ihren Alltag zu integrieren. Tragen Sie sich in Ihren Kalender im Smartphone einen dreiwöchigen Termin ein, an dem Sie trainieren wollen, zu loben. Ihre Aufgabe wird es sein, innerhalb dieser Zeit täglich mindestens zehnmal Lob zu verteilen. Sie loben aber nicht belanglos nach dem Motto: „Neue Frisur, Frau Müller?", sondern Sie machen sich in dieser Zeit darüber Gedanken, welches Lob Ihnen Frau Müller wirklich abkauft.

Loben Sie Ihre Mitarbeiter

- gezielt,
- überraschend,
- authentisch,
- wertschätzend,
- und, ganz wichtig, ehrlich.

Am Anfang der drei Wochen fällt es Ihnen noch schwer. Da kann eine Zwischendurch-Erinnerung in den ersten drei Tagen helfen. Richten Sie sich einen Erinnerungston in Ihrem Smartphone ein, der Sie mehrmals am Tag daran erinnert.

Mit einem Mal gehen Sie mit einer anderen Einstellung durch Ihre Firma. Sie werden merken, dass Ihnen die Arbeit durch den neuen Fokus mehr Freude bereitet. Ihnen fallen plötzlich viel mehr Situationen auf, die lobenswert sind. Sie werden gegenüber Fehlern anderer gelassener.

Der suggestive Hebel des Lobens wirkt nicht nur auf Sie entspannender, auch Ihre Mitarbeiter werden es merken und wertschätzen, dass Sie sich verändert haben.

Ich freue mich, dass Sie bis hier hin so lange durchgehalten haben und sich mit diesem Thema so intensiv beschäftigen. Danke!

Ich möchte noch mal darauf hinweisen, dass alle suggestiven Hebel nur dann funktionieren, wenn Ihre innere

Haltung zu Ihren Mitarbeitern wertschätzend und wohlwollend ist. Denken Sie immer an Manfred Spitzers Aussage, dass sich Gehirne bei Kontakt synchronisieren und Ihre Mitarbeiter bereits drei Sekunden bevor Sie etwas sagen im Voraus wissen, was Sie wirklich meinen. Stimmen Ihre innere Haltung und Ihre Aussagen nicht überein, entsteht zwischen Ihnen und Ihrem Team ein sogenannter psychologischer Nebel, durch den Ihre Mitarbeiter nicht durchschauen können. Und das zwingt sie, den Kontakt zu Ihnen abzubrechen – Rapportverlust! Wie verhalten Sie sich, wenn Sie tagsüber auf der Autobahn mit Tempo 150 plötzlich in eine Nebelbank hineinfahren? Erhöhen Sie die Geschwindigkeit, um da schneller wieder herauszukommen?

Suggestionen benutzen Sie jeden Tag. Und jetzt haben Sie sich eine Zeit lang mit der höchsten Stufe der Beeinflussung auseinandergesetzt. Weil Sie sich mit diesem Thema beschäftigt haben, werden Ihnen die Momente und Situationen auffallen, Ihre innere Haltung und die Ihrer Mitarbeiter zu prüfen und positiv zu verändern.

Viel Erfolg bei Ihrer Personalführungsaufgabe!

Paradigmenwechsel

Für eine Zeit lang hat Sie dieses Buch durch Ihre Gedanken, vielleicht sogar bei Ihrer täglichen Führungsaufgabe begleitet. Sie beschäftigten sich mit Ihrem aktuellen Kompetenzstand als Führungskraft und was Ihr Selbstwertgefühl damit zu tun hat. Sie erfuhren, wie Sie sich als Vorbild neu positionieren können und welche Macht es hat, selbst ein Leitbild zu haben. Sie wissen jetzt, wie wichtig es ist, nicht alles von sich preiszugeben. Sie lernten Dinge über Kommunikationsstrategien, über aktives Verhalten während der Kommunikation und wie wichtig es ist, mit mehr Engagement seine Körpersprache einzusetzen. Sie lernten die Geheimnisse der Königsdisziplin der Menschenkenntnis – das Face-Reading – und wie Sie es als Führungskraft täglich einsetzen können. Mit der Bildanalyse haben Sie jetzt eine neue Methode, in Bewerbungsgesprächen die richtige Wahl zu treffen. Und Sie haben nun ein wirkungsvolles Handwerkszeug, um mit suggestiven Hebeln Widerstände bei Ihren Mitarbeitern abzubauen.

Meine 5 ungewöhnlichen Methoden können Ihnen und Ihren Mitarbeitern helfen, ein angenehmeres Arbeitsumfeld zu erzeugen. „Können"? Warum schreibe ich in der Möglichkeitsform? Nun, die Umsetzung kann nur erfolgen, wenn Sie willens sind, alte Verhaltensmuster aufzugeben und eine ganz neue Einstellung zu Ihrer Tätigkeit als Führungskraft anzunehmen. Ein Paradigmenwechsel ist erforderlich. Ihre innere Haltung zu Ihrer Aufgabe als Vorgesetzter und zu Ihren Mitarbeitern entscheidet, ob sich etwas ändert oder nicht. Es ist nicht das Üben dieser Techniken.

Und jetzt bin ich gespannt, welche *erwachsene Entscheidung* Sie treffen werden. Diesen Begriff muss ich häufig bis in die höchsten Führungsebenen erklären. Ich meine damit, sich bewusst und wenn möglich schriftlich, Vor- und Nachteile zu notieren. Um dann eine tragfähige zukunftsändernde Entscheidung zu treffen, ist es nötig, die andere Seite Ihrer Entscheidung voll und ganz zu akzeptieren. Haben Sie sich also *für* eine Sache entschieden, haben Sie auch sämtliche Nachteile, die daraus entstehen, in vollem Umfang zu tragen. Im Gegenzug dazu, wenn Sie sich gegen eine Sache entscheiden, verabschieden Sie sich *gänzlich* von den Vorteilen. Sonst werden Sie mit dieser Entscheidung immer unglücklich. Es scheint in der Natur des Menschen zu liegen, dass wir immer alles wollen – sofort und ohne Nachteile. Es klingt logisch und dennoch ist die Umsetzung so schwer.

Entscheiden Sie sich heute mit Haut und Haaren, Ihren Mitarbeitern eine wertschätzende Haltung gegenüber zu erzeugen und aufrechtzuerhalten und ihnen ein gutes Vorbild zu sein. Akzeptieren Sie, dass es eine Reise ist, die niemals endet. Starten Sie diesen Prozess *jetzt.* Entscheiden Sie sich dafür, keine Rechtfertigungen mehr zu suchen oder beim Jammern mitzumachen. Verändern Sie Ihre Welt und die Ihrer Mitarbeiter. Damit entstressen Sie viele Situationen im Arbeitsalltag.

Stress auf den Punkt gebracht heißt: *Ja* sagen und *Nein* denken. Viele Ihrer Kolleginnen und Kollegen tun demnach etwas, was sie nicht tun wollen oder können – aufgrund Ihrer Anweisungen. Ignorieren Sie das, passiert über kurz oder lang ein Drama. Stellen Sie sich vor, dass es Menschen auch in Ihrer Umgebung gibt, die acht Stunden pro Tag eine Tätigkeit verrichten, die sie nicht ausreichend können oder für die sie zu wenig Zeit bekommen, und/oder mit Menschen zu tun haben, die sie nicht akzeptieren oder wertschätzen. Wie hoch muss da das Stresslevel sein? Wie lange hält man das aus? Ich bin davon überzeugt, dass das der Hauptgrund für Burn-out ist. In der Medizin ist hinreichend erforscht und veröffentlicht worden, dass Stress krank macht. Neben dem Selbstwertgefühl sinkt gleichermaßen die Stabilität des Immunsystems. Infektanfälligkeit oder Rückenschmerzen sind hierbei mittlerweile die harmlosen Varianten als Reaktion des Körpers. Sie als Vorgesetzter können das durch Ihr Verhalten ändern. Wie, dafür habe ich Ihnen in den vergangenen Modulen genügend Hinweise und Beispiele geliefert. Nutzen Sie Ihre Gelegenheit.

Ich freue mich über Ihre Geschichten, die Sie erleben werden. Lassen Sie mich gerne teilhaben an Ihren Erfolgen. Wenn es anfängliche Hürden zu überwinden gibt, bei denen ich Sie unterstützen kann, dürfen Sie mich über meine Webseite kontaktieren. Denn Menschen zu unterstützen, ist schon seit Jahrzehnten mein Job. Und bald schon auch Ihrer.

Ihr

Winfried Schröter

Anhang

Merkblatt 1: Geniale Teams – Zufallsprodukt oder handgemacht?

Gern werden Unternehmenserfolge einzelnen Personen zugeordnet. Meist sind es schillernde Lichtgestalten aus der Geschäftsleitung. Bill Gates und Steve Jobs beispielsweise müssen für Erfolgsgeschichten und Superlative ständig herhalten. Und jeder weiß, dass ohne starke Mannschaften im Hintergrund diese Imperien nicht existieren würden. Ideen zu haben ist die eine Seite der Medaille, Unmögliches möglich zu machen, die andere. Geniale Teams werden in Zukunft den global herrschenden Mangel an Führungskompetenz lösen können. Nur, wie entsteht ein geniales Team? Was können Sie tun, um gute Fachkräfte zu einem genialen Team zu formen?

Erfolgreiche Zusammenarbeit aller Mitwirkenden setzt gemeinsame Visionen und die Überzeugung aller voraus, diese hohen Ziele auch erreichen zu können. Stellen Sie sich vor, Sie hätten ein Team zur Verfügung, das durch hohe Kompetenz besticht und den Willen hat, eine gemeinsame Vision umzusetzen. Jeder steht für den anderen ein und die Erreichung des Ziels hat bei allen höchste Priorität. Egal, wie sehr oder wie wenig der Einzelne an der Umsetzung direkt beteiligt ist, das Ergebnis ist für alle gleichbedeutend hoch. Als die deutsche Fußballnationalmannschaft den vierten Stern aus Brasilien mit nach Hause brachte, konnte man diesen Ehrgeiz bei allen 23 Spielern und allen Trainern, Coaches und im Hintergrund Wirkenden spüren.

Wie können Sie solch ein tiefes Zusammengehörigkeitsgefühl erzeugen?

Der Prozess lässt sich mit folgenden Punkten beschreiben:

1. Der Teamleiter bringt *eine Idee* ins Team ein.
2. Mit dem Team wird die Idee zu einer *gemeinsamen Vision* erarbeitet.
3. Er *schwört* das Team auf die Erreichung des Ziels *ein.*
4. Während des ganzen Prozesses verdeutlicht der Teamleiter die *positiven Konsequenzen, die das Vorhaben mit sich bringt.*
5. Gemeinsam werden *Verhaltensregeln* wie z.B. offene Kommunikation in schwierigen Situationen, Verpflichtung für jeden einzustehen etc. ausgehandelt und schriftlich fixiert.
6. Durch seine *Unterschrift* stimmt jedes Teammitglied zu, die Spielregeln einzuhalten (siehe Merkblatt 2).
7. Der Teamchef *verteilt* die Aufgaben *und überwacht* die Umsetzung.
8. Jeder Mitarbeiter wird entsprechend seiner *Interessen und Potenziale* eingesetzt.
9. Die Mitarbeiter werden entsprechend ihrer Entwicklungsstufe *geführt und gefördert.*
10. Die Führungskraft *nimmt sich Zeit* für notwendige Einzelgespräche.
11. Das Team wird vom Teamchef weitestgehend *vor Ablenkung* jeglicher Art *geschützt,* bis das Ziel erreicht ist. Schützend verteidigt er seine Crew vor Angriffen von außen.
12. Die Führungskraft motiviert einzig durch *Lob und Anerkennung.*

13. Die Zielerreichung wird dem Team immer wieder vor Augen geführt.
14. Zielerreichung frenetisch feiern!

Mit diesen Punkten haben Sie einen groben Ablaufplan, wie Sie mit einem neuen Ziel oder einem Projekt ein WIR-Gefühl erzeugen könnten. Ich beschreibe hier eine praxiserprobte Methode, die mich schon lange bei meiner Arbeit begleitet. Viel Erfolg!

Merkblatt 2: Spielregeln für Ihr Team

Wenn Sie mit Ihrem Team unzufrieden sind, werden Ihre Bedingungen als Führungskraft nicht erfüllt. Mit Bedingungen meine ich Ihre persönlichen Werte und Maßstäbe, die Sie an sich selbst und an Ihre Mitarbeiter stellen. Hierzu gehören Verhaltensregeln, wie andere sich Ihnen gegenüber verhalten ebenso wie Ihre Ansprüche, wie Ihre Anweisungen befolgt werden sollen und so weiter. Jeder Mensch stellt einen natürlichen Anspruch an Erfüllung seiner persönlichen Bedürfnisse. Nicht jedem ist bewusst, welche Bedürfnisse und Bedingungen er überhaupt an seine Umwelt hat. Geschweige denn, wie man diese kommuniziert. Dabei ist es eine Grundvoraussetzung für ein gutes soziales Miteinander. Gerade im Berufsleben bei der Zusammenarbeit mit mehreren Menschen ist es erforderlich, sich auf ein Regelwerk zu einigen. Vieles wird bereits durch unsere Gesetze, den Arbeitsvertrag, einen möglichen Tarifvertrag und durch Betriebsvereinbarungen geregelt. Das sind allgemeingültige Verhaltensregeln. Es macht Sinn, sich auf eine Kernarbeitszeit oder einen bestimmten Arbeitsbeginn zu einigen. Und dann gibt es zudem noch ganz spezielle Verhaltensregeln, die jeder Mitarbeiter und Sie als Führungskraft erfüllen sollten. Sie erleichtern nicht nur die Zusammenarbeit, sondern können dazu führen, dass die Arbeit sogar Spaß macht. Diese individuellen Bedingungen sind in jeder Gruppe und in jedem Team neu zu besprechen. Es ist Ihre Aufgabe als Führungskraft, die Voraussetzungen für eine gute Zusammenarbeit zu schaffen. Besprechen Sie, was jedem im Team wichtig ist, damit jeder Mitarbeiter seine Leistung optimal abrufen kann.

Bedingungen auszuhandeln ist einer der zentralen Erfolgsgaranten in der Führungsarbeit. Gemeinsam Spielregeln zu vereinbaren, hilft bei der Eigenmotivation und wirkt zudem als suggestiver Hebel. Denn jeder Mitarbeiter hat das Gefühl, sein Mitspracherecht genutzt zu haben und ist grundsätzlich zufriedener. Das ist eine wichtige psychische Voraussetzung.

Zur Umsetzung:

Im Vorfeld machen Sie sich Gedanken, welche Bedingungen Sie an Ihre Mitarbeiter haben. Hierzu zählen beispielsweise Pünktlichkeit, Ehrlichkeit, Probleme *mit Ihnen* offen anzusprechen, Loyalität, Verschwiegenheit außerhalb des Teams, konstruktives Miteinander, Hilfsbereitschaft, Durchhaltewillen etc. Alle Punkte, die Ihnen wichtig erscheinen – und seien sie noch so banal –, müssen gemeinsam angesprochen werden.

Das tun Sie in einer extra anberaumten Sitzung. Sie nehmen sich beispielsweise ein Flipchart oder eine Pinnwand und schreiben all Ihre Punkte auf. Dann ermutigen Sie die Gruppe, selbst noch Punkte hinzuzufügen (Pausenzeiten, spezielle Regelungen für die Raucher und so weiter).

Unterstreichen Sie Ihre K.-o.-Kriterien. Sie sind Ihnen so wichtig, dass sie nicht verhandelbar sind. Machen Sie klar, dass Sie sie als Voraussetzung sehen, um erfolgreiches Arbeiten zu gewährleisten.

Dann diskutieren Sie bitte *jeden einzelnen Punkt* mit Ihren Mitarbeitern und prüfen Sie die Zustimmung jedes Einzelnen. Teilt Ihnen ein Teammitglied mit, dass es mit Pünktlichkeit seine Probleme hat, diskutieren Sie diesen Punkt aus und kommen Sie zu einer *gemeinsamen* Lösung. Seien Sie dabei auch kompromissbereit, wenn es sich nicht um ein K.-o.-Kriterium Ihrerseits handelt.

Holen Sie sich die Zustimmung *aller Mitarbeiter* für jeden einzelnen Punkt ein. So erkennen Ihre Mitarbeiter, dass sie mitbestimmen dürfen und keine Diktatur herrscht. Wenn alle Punkte auf ein Flipchart oder Ähnliches geschrieben wurden, sorgen Sie dafür, dass jeder unterschreibt und somit diese Spielregeln aktiv akzeptiert und sich zur Einhaltung verpflichtet. Anschließend wird das Flipchart fotografiert und den Teammitgliedern per E-Mail oder Ähnlichem als ständige Erinnerung zur Verfügung gestellt.

Überprüfen Sie regelmäßig die Einhaltung der Regeln. Es fällt Mitarbeitern im Allgemeinen nicht sehr schwer Regeln einzuhalten, die sie selbst aufgestellt haben. Dennoch ist es erforderlich, die Kontrolle zu behalten. Um diese Arbeitsvoraussetzungen herstellen zu können, ist es notwendig, dass Sie sich vorab über Ihre persönlichen Arbeitsbedingungen klar werden, um zufrieden Ihrer Tätigkeit als Führungskraft und im Team nachzukommen.

Ein autoritärer Führungsstil ist unglaublich aufwendig, da er viel Druck voraussetzt und mit ständiger Kontrolle einhergeht. Viel einfacher ist es da, wenn jeder Mitarbeiter bereit ist, sich der Selbstkontrolle zu unterziehen. Wenn Sie die Bedürfnisse Ihrer Mitarbeiter nicht ernst genug nehmen, laufen Sie Gefahr, sie zu dominieren. Im Gegensatz dazu werden Sie als Führungskraft nicht ernst genommen und nicht wertgeschätzt.

Taktieren ist ab dem Zeitpunkt nicht mehr nötig. Sie werden feststellen, dass Sie keine „Spielchen“ mehr spielen wollen – auch Ihre Mitarbeiter nicht.

Merkblatt 3: Rapport erzeugen und erhalten

Der Begriff Rapport stellt eine wechselseitige Beziehung zwischen zwei Menschen dar, in der sich beide gegenseitig vertrauen. Erkennbar ist der bestehende Rapport an sich angleichendem Verhalten.

Um Rapport bewusst herzustellen, wurde in früheren NLP-Vertriebsschulungen das Spiegeln vermittelt. Hierbei hat beispielsweise ein Versicherungsvertreter seinen Kunden zu Beginn des Verkaufsgespräches beobachtet und unter anderem eine ähnliche Körperhaltung eingenommen. Hat der Kunde seine Sitzposition geändert, musste der Verkäufer ebenfalls seine Sitzposition ändern, um die Verbindung zu halten. Es sollte der Eindruck vermittelt werden, dass sich Kunde und Verkäufer auf einer Wellenlänge befinden, um eine höhere Abschlusswahrscheinlichkeit zu erzeugen. Diese Technik wurde von Kunden häufig durchschaut und als Manipulationsversuch gewertet. Das hat dem NLP einen schlechten Ruf eingebracht, der sich bis heute hartnäckig hält.

Wenn Sie diese Methode anwenden wollen, um Rapport bewusst zu erzeugen, wäre es sinnvoll, so zu spiegeln, dass Ihr Gegenüber es nicht bemerkt. So könnten Sie beispielsweise anstatt seine Sitzhaltung zu kopieren eher auf seine Mimik achten und lächeln, wenn Ihr Gesprächspartner lächelt und eine ebenso ernste Miene machen wie er. Achtet der Verkäufer zu sehr auf das, was der Kunde tut, überlässt er seinem Kunden die Kontrolle. Er reagiert also auf den Kunden und macht sich so abhängig von ihm – Unterstatus.

Um sich die Führungsrolle zu sichern, empfehle ich Ihnen mit Statushilfsmitteln und suggestiven Hebeln zu arbeiten. Beispielsweise begrüßen Sie Ihren Mitarbeiter mit einer Geste, die ihm verdeutlicht, dass Sie seine Führungskraft sind und nicht vorhaben, sich unterzuordnen. Wenn Sie ihm die Hand geben, unterstützen Sie Ihren Griff mit einem zusätzlichen Griff zum Unterarm Ihres Mitarbeiters (Barack-Obama-Griff). Dabei führen Sie ihn leicht in Richtung des Platzes, wo sich Ihr Mitarbeiter hinsetzen soll. Mit einer klaren Ansage bauen Sie dann noch Ihre Führungsrolle aus: „Bitte nehmen Sie dort drüben Platz!“ Das Gespräch ist vorbereitet und die Hierarchien sind auch auf der psychologischen Ebene geklärt.

Hier noch ein paar Beispiele, die Sie zwischendurch in Gesprächen einbauen können, um Rapport immer wieder zu überprüfen und zu festigen. Es geht im Wesentlichen darum, dass das Gespräch kurzzeitig unterbrochen wird und ein unterbewusstes Signal ausgesendet wird:

- Wenn die Wasserflasche in Reichweite Ihres Mitarbeiters steht, bitten Sie ihn, Ihnen etwas Wasser einzuschenken. Ihr Mitarbeiter schenkt Ihnen Wasser ins Glas. Wenn das Glas nicht ganz voll ist, sagen Sie mit leicht erhöhtem Status: „Bitte einen kleinen Schluck mehr!“ Etwas überrascht schenkt Ihr Mitarbeiter nach. Es geht nicht um etwas mehr Wasser, sondern darum, dass Sie ihm einen kleinen unauffälligen Befehl gegeben haben. Diesen wird er Ihnen nicht verwehren. Der Impuls auf das Unterbewusstsein Ihres Mitarbeiters ist, dass Sie in der Führungsposition sind und er zu gehorchen hat.
- Bei der Sitzplatzvergabe könnten Sie Ihrem Mitarbeiter, der sich gerade hinsetzen will, sagen: „Einen Platz weiter bitte!“ Auch hier unterbrechen Sie seinen Gedankenfluss und signalisieren ihm einen Befehl.
- Stehen Sie auf dem Gelände der Firma und haben in kleiner Runde ein kurzes Gespräch, veranlassen Sie die Gruppe, um etwa zwei Meter weiterzugehen. Keiner weiß, weshalb Sie das wollen. Bitte Ihren Befehl auch nicht rechtfertigen! Das würde Sie in Ihrer Führungsrolle schwächen und zu Rapportverlust führen.

Diese und ähnliche kleine Befehle können Sie jedem geben, der Ihnen folgen soll und mit dem Sie Rapport aufbauen wollen. Achten Sie auf sympathisches Auftreten, um keine Missstimmung zu erzeugen. Die kleinen Befehle müssen so klein sein, dass sie nicht zu Widerständen führen. Setzen Sie die Unterhaltung sofort nach Ihrer Anweisung fort, damit Ihr Gegenüber keine Zeit hat, sich über den Sinn und Zweck Gedanken zu machen. Ebenso eignet sich diese Methode um zu prüfen, ob Rapport noch besteht, indem Sie bemerken, wie schnell Ihre Anweisung ausgeführt wird.

Ich werde häufig gefragt, ob man denn Spielchen spielen muss, um täglich seinen Führungsanspruch zu verteidigen. Nein, selbstverständlich ist es nicht notwendig. Sie können die natürlichen inneren Widerstände Ihrer Mitarbeiter auch ignorieren, wie bisher. Ich halte es nur für verantwortungsvoll, diesem Mechanismus mit Selbstverständnis zu begegnen und mit ihm so normal wie möglich umzugehen. Da es ein unbewusster Mechanismus ist, sollte auch die Reaktion auf das Unterbewusstsein gerichtet werden. Bitte bedenken Sie: Der innere Widerstand kommt aus dem Unterbewusstsein. Deshalb ist auch eine Botschaft nötig, die das Unterbewusstsein versteht, um die Führungsrolle klarzumachen. Wäre es so einfach, wenn Sie es nur einmal sagen würden, dass jeder auf Ihr Kommando hören muss, weil Sie ja der Chef im Ring sind, würde es nicht so viele Widerstände bei Ihren Mitarbeitern geben. Ständig seinen Führungsanspruch verteidigen zu müssen, ist völlig normal. Und genau das tun Sie mit den hier genannten Punkten. Rapport aufzubauen ist leicht. Das haben Sie nun gelernt. Dieser gemeinsame Kontakt wird aber auch ständig unterbrochen und muss erneuert werden. Probieren Sie es aus und Sie werden über die Wirkung erstaunt sein.

Merkblatt 4: Maslowsche Bedürfnishierarchien

Manchmal reagieren Mitarbeiter in auffälliger Weise und man weiß nicht, weshalb. Kündigungen wichtiger Mitarbeiter, Krankheitsfälle oder Ähnliches stören die Umsetzung von Unternehmenszielen oder den Zeitplan. Hierbei hilft das Wissen um die innersten Bedürfnisse Ihres Teams.

Die Theorie menschlicher Bedürfnisse des US-amerikanischen Psychologen Abraham Maslow gilt weltweit als wissenschaftlich anerkannt. Er geht im Gegensatz zu Sigmund Freud davon aus, dass der Mensch grundsätzlich stets gute Absichten hat. Jeder wird prinzipiell durch ein uns angeborenes Wachstumspotenzial angetrieben. Es folgt einer bestimmten Hierarchie, um sein höchstes Ziel, die Selbstverwirklichung, zu erreichen. Um dorthin zu gelangen, müssen die anderen Bedürfnisstufen nach einer bestimmten Hierarchie folgend erfüllt sein.

Stellen Sie sich das als ein Gebäude oder einen Turm vor. Zuerst beginnen wir logischerweise unten mit dem Fundament, der 1. Bedürfnisstufe.

1. Die Grundbedürfnisse:
   Maslow nennt diese erste Stufe Grundbedürfnisse. Diese Stufe ist erst befriedigt, wenn alle Aspekte des physiologischen Seins erfüllt sind. Genug zu essen und zu trinken, Luft zum Atmen, ein Dach über dem Kopf, ausreichend Schlaf etc.

2. Die Bedürfnisse nach Geborgenheit:
   Erst wenn die Grundbedürfnisse vollends erfüllt sind, können wir uns der 2. Stufe widmen, die Bedürfnisstufe der Geborgenheit und Sicherheit. Ich persönlich empfinde es als eine der wichtigsten Aufgaben unseres Lebens, zu wissen, wann diese Bedürfnisstufe erfüllt

ist. Dem einen ist es wichtig, ausreichend und garantiert sein Gehalt zu bekommen. Erst dann fühlt er sich geborgen und sicher. Jemand anderer braucht ein geregeltes Leben und Rituale, weil sie ihm viel wichtiger als die wirtschaftliche Hängematte sind. Alles was seine Routine und Stabilisierung im Leben gefährdet, meidet er. Unerwartetes wirkt für ihn bedrohlich. Dem Dritten ist es wichtig, eine große finanzielle Absicherung auf dem Konto zu besitzen. Wenn der Notgroschen unter eine von ihm festgelegte Marke sinkt, ist bei demjenigen vielleicht diese 2. Bedürfnisstufe in Gefahr. Die Gretchenfrage ist, wann Sie sich richtig geborgen und abgesichert fühlen. Sollten Sie Schwierigkeiten mit der Beantwortung dieser Frage haben, überlegen Sie einmal, was passieren muss, damit Sie Ihr Leben infrage stellen würden. Welcher Bereich müsste zusammenbrechen, um lebensmüde zu werden? Die Antwort liefert Ihnen Hinweise, welcher Bereich für Sie erfüllt sein muss, um dann erst zur dritten Stufe gelangen zu können.

3. Die soziale Bedürfnisstufe:
   Wenn die ersten beiden Stufen der Pyramide abgesichert sind, können Sie mit dem Bau des nächsten Stockwerks fortfahren. Erst jetzt drängt es uns nach sozialer Bindung. Wir beschäftigen uns ab der Stufe 3 mit Familienplanung, Freundeskreis, der Suche der eigenen Rolle in einem sozialen Gefüge.

4. Die Individualbedürfnisse:
   Ist die Suche nach unserem Platz in einem attraktiven Beziehungssystem beendet, wird die vierte Bedürfnisstufe angestrebt, die Individualbedürfnisse oder einfach ausgedrückt: die ICH-Bedürfnisse. Hier wird der Wunsch nach Erfolg, Stärke, Prestige, Wertschätzung, Achtung, Anerkennung und Ansehen, Geld und Macht

befriedigt: „Mein Auto, mein Haus, meine Pferdepflegerin, …!"

5. Die Selbstverwirklichung:
   Und zum Schluss, wenn die Stufe 4 voll befriedigt ist und das Streben nach materiellem Besitz oder Macht nicht mehr ausreichend anziehend ist, streben wir nach der 5. Stufe, der Selbstverwirklichung. Hier suchen wir nach dem völligen Ausschöpfen unseres Potenzials, was immer uns in die Wiege gelegt wurde. Was uns antreibt, ist also höchst individuell. Wir tauchen dann in eine neue Welt der absoluten Befriedigung ein, weil wir schon immer wussten, dass wir in unserem Leben genau danach gesucht haben und wir nichts schöner empfinden als die Erreichung dieses höchsten Zieles.

Diese fünf Bedürfnisstufen reichen uns vorerst für unsere weitere Arbeit. Maslow hat kurz vor seinem Tod noch eine weitere Stufe formuliert, das Streben nach einer höheren Instanz, die uns persönlich übergeordnet ist, einer göttlichen Instanz. Diese Stufe hat er Transzendenz genannt. Für uns soll sie hier nebensächlich sein.

Wie wichtig ist die Erkenntnis der fünf Bedürfnisstufen? – ein Beispiel:
Die Sonne scheint in Ihr Büro und der heiße Kaffee duftet. Vorsichtig genießen Sie einen Schluck aus der Tasse bei einem Gespräch mit einem Ihrer wichtigsten Mitarbeiter. Er ist der Teammanager des wichtigsten Bereiches Ihres Unternehmens und er bat Sie um diesen Termin. Es geht um seine berufliche Neuorientierung, die er mit Ihnen besprechen möchte. Einen anderen Mitarbeiter haben Sie bereits verloren. Dieser ging zu einem Konkurrenzunternehmen und das sollte Ihnen jetzt nicht auch mit diesem wichtigen Mitarbeiter passieren.

Aufmerksam hören Sie ihm zu und überlegen sich eine Strategie für sein Anliegen. Sie führen also ein Gespräch auf der vierten Bedürfnisstufe Ihres Mitarbeiters. Schließlich geht es um viel Geld, Macht und einer Absicherung Ihres Unternehmens. Mitten im Gespräch bemerken Sie, dass Ihr Mitarbeiter auf dem Stuhl immer hin und her rutscht. Er wird sichtbar unruhig. Offensichtlich muss er auf die Toilette. Glauben Sie, dass er sich noch auf Sie und Ihre wichtigen Aussagen konzentrieren kann? Die erste Stufe, jene seiner Grundbedürfnisse, ist nicht mehr abgesichert, das Bauwerk bricht in sich zusammen, da das Fundament mit einem Mal fehlt. Sie bemerken es rechtzeitig und schlagen ihm eine kleine Pause vor. Er nimmt dankend an und verlässt den Raum. Nach ein paar Minuten kommt Ihr Teammanager mit entspanntem Gesichtsausdruck wieder zurück – die 1. Stufe ist wieder abgesichert und das Bauwerk aufgebaut.

Dieses einfache Beispiel macht deutlich, dass die Produktion dieses Bauwerks keinem linearen Verlauf folgt. Was einmal erarbeitet ist, kann auch wieder zusammenbrechen – von einer Sekunde auf die andere. Eher gleicht es einer dynamischen Wellenform. Selbst der Aufbau der Selbstverwirklichung kann schon in jungen Jahren nebenbei erfolgen, noch während des Studiums oder in der Lehrzeit, in der wenig finanzielle Voraussetzungen gegeben sind. In Form eines Hobbys beispielsweise wie etwa malen oder Musik machen kann die 5. Bedürfnisstufe ausgelebt werden.

Weshalb sind die Bedürfnisstufen nach Maslow für Sie als Führungskraft wichtig?
Nun, die Kenntnis des Systems liefert Ihnen wesentliche Hinweise über die Reaktion Ihrer Mitarbeiter. Dieses sensible Wissen könnte Einfluss auf Ihre Entscheidungen haben, wenn Sie es in Ihre Führungskompetenz einfließen lassen. Sie werden Reaktionen Ihrer Mitarbeiter besser verstehen und Ihren Führungsstil darauf einstellen. Wie kann denn

ein kreatives Team, das nach Projektlösungen sucht (4. oder gar 5. Bedürfnisstufe), brillant sein, wenn 20 Prozent der Mitarbeiter um ihren Arbeitsplatz bangen müssen, weil die Konzernspitze einen weitreichenden Umbauprozess plant. Und keiner weiß, wer gehen muss. Wie kann ein Bankmitarbeiter, der in der Mitte seines Arbeitslebens steht und kleine Kinder hat, stramme Zielvorgaben umsetzen, wenn er gleichzeitig um seinen Arbeitsplatz fürchten muss, und dann zu allem Überfluss noch von jedem zweiten Kunden gesagt bekommt, dass diese Bank schuld daran sei, dass der Kunde Geld verloren hat. Da ist es aus meiner Sicht kein Wunder, dass die Mitarbeiter wegen psychischer Störungen, Burn-out oder Bandscheibenvorfällen reihenweise ausfallen.

Die Absicherung der Bedürfnisstufen nach Maslow gilt nicht nur für Sie, sondern auch für Ihre Mitarbeiter. Sie sehen, es macht durchaus Sinn, ein wenig Hintergrundwissen zu sammeln, in welcher persönlichen Situation sich Ihre Mitarbeiter befinden.

Um ein Gespür für diese maslowsche Theorie zu bekommen, empfehle ich Ihnen, sich mit Ihrer eigenen Lage zu beschäftigen. Die folgenden Fragen können Ihnen hierbei hilfreich sein:

- 1. Bedürfnisstufe: Die Grundbedürfnisse
  Sie sichert Ihre absoluten Grundbedürfnisse ab. Ich gehe davon aus, dass Sie genug zu essen und trinken haben, ein gesichertes Zuhause, Sie gesund sind und sich frei und entspannt Ihrer Arbeit widmen können. Deshalb bleibt hier eine Frage aus.

- 2. Bedürfnisstufe: Ihre Bedürfnisse der Geborgenheit und Sicherheit
  Wann fühlen Sie sich von Lebensumständen so bedroht, dass Sie Ihrem Leben ein Ende setzen würden?

Was müssten Sie verlieren, um keinen Halt mehr in Ihrem Leben zu haben?
Wann wären Sie emotional gefährdet?
Wodurch würden Sie sich wieder vollständig sicher fühlen?
Ist diese Stufe bei Ihnen abgesichert?

- 3. Bedürfnisstufe: Soziale Bedürfnisse
  Sind Sie zufrieden mit Ihrem familiären Umfeld und Ihrem Freundeskreis?
  Fühlen Sie sich geachtet, wertgeschätzt und geliebt?
  Fehlt es Ihnen an bestimmten Kontakten, wünschten Sie sich eine Veränderung in Ihrem Umfeld? Beruflich, privat, familiär?
  Was wären mögliche Schritte, die zu einer Verbesserung führen würden?

- 4. Bedürfnisstufe: Ihre Ich-Bedürfnisse nach Status, Macht, Anerkennung, Geld, Achtung
  Wie ist Ihre persönliche Stellung im Leben?
  Sind Sie bereits mit Ihren Erfolgen da angekommen, wo Sie schon immer hinwollten?
  Welche offenen Wünsche und Ziele haben Sie?
  Was können Sie dafür tun, um diese Wünsche zu erfüllen?

- 5. Bedürfnisstufe: Ihre persönliche Selbstverwirklichung
  Es geht hier nur um Ihre Ideale und Ihre wirklichen Potenziale!
  Welches echte Talent steckt in Ihnen?
  Schöpfen Sie bereits Ihr persönliches Potenzial voll aus?
  Wie sähe ein Leben aus, in dem Sie diese Begabung ausleben?

Der Dynamik dieser Theorie folgend, arbeiten Sie zeitgleich an mehreren Bedürfnisstufen. An der einen mehr, an der anderen weniger. Wenn Sie erkennen, auf welcher Stufe Sie gerade hauptsächlich tätig sind, hilft es Ihnen, sich nicht unnötig unter Druck zu setzen. Die Erkenntnis, dass jeder sein Tempo hat und alles seine Zeit benötigt, hilft Ihnen bei der Einschätzung Ihrer Mitarbeiter. Die Einschätzung Ihrer eigenen Situation erleichtert Ihnen, zuverlässig die Situation Ihrer Mitarbeiter zu beurteilen. Das verschafft Ihnen einen besseren Zugang bei Einzelgesprächen.

Danke!

Auch wenn dieses Buch davon handelt, sich das Leben als Führungskraft einfach zu machen, war der Weg durch die unterschiedlichen Phasen alles andere als leicht! Schiller schrieb in einem Brief an Goethe: „Lieber Wolfgang! Bitte verzeih mir, dass ich Dir diesen langen Brief schreibe; für einen kürzeren fehlte mir die Zeit.“ Das richtige Maß zu finden, das Überflüssige zu kürzen und doch so viel zu sagen, um interessant zu bleiben, nichts unerwähnt zu lassen, dabei haben mir viele Menschen geholfen:

Ganz besonderer Dank gilt Sabine Asgodom, die mich durch unsere Gespräche ermuntert hat, nun endlich dieses Buch zu schreiben und meine für sie ungewöhnlichen Methoden zu veröffentlichen. Danke, liebe Sabine!

Was hätte ich nur ohne Isabella Kortz, meinem Buch-Coach, gemacht? Erst durch sie habe ich gelernt, zu schreiben. Danke für Ihren unermüdlichen Einsatz, mich immer wieder zu motivieren, weiterzumachen.

Eva Hortenbach und Martin Kasprzak, zwei ganz lieben Freunden danke ich sehr für ihre gnadenlose Ehrlichkeit und nie versiegende Begeisterung beim Prüfen meiner Texte. Ihr beide habt die Ecken abgefeilt und eine runde Sache draus gemacht.

Für die Schönheit der Grafiken im Modul Face-Reading danke ich Swen Marcel. Deine auf den Punkt bringenden Zeichnungen des Gesichtes und der Details haben mich beeindruckt.

Verena Minoggio-Weixlbaumer und Elmar Weixlbaumer vom Goldegg-Verlag danke ich für ihr immer offenes Ohr für meine Fragen und Wünsche. Danke für ihre kompetente Beratung.

Meiner Nr. 1, Heidrun Schmidt, bin ich unendlich dankbar dafür, dass sie mich bei allen Phasen der Entstehung dieses Buches begleitete und mir den Rücken freihielt. Dein

Scharfsinn, deine Ausdauer und deine Liebe haben es ermöglicht. Ich liebe dich!

Ich danke meinen vielen Kunden, die mir ihre gezeichneten Bilder zur Verfügung gestellt haben, mit mir ihre Probleme bearbeiteten, tapfer meine Trainings, Coachings und Programme bis hin zur Erreichung ihrer Ziele durchstanden. Ohne ihre Zitronen wäre diese Limonade nicht entstanden.

Ihnen, liebe Leser, die sich für das Thema Menschenkenntnis und gute Führung interessieren, danke ich von Herzen. Sie haben erkannt, dass ein Paradigmenwechsel nötig ist und sind bereit, den Weg zu gehen. Wem sonst sollte ich ein Buch über Menschenkenntnis widmen?

Allen tausend Dank!

Literaturempfehlungen:

Die interessantesten Gespräche mit fremden Menschen habe ich geführt, wenn ich die Frage gestellt habe, welche drei wichtigsten Bücher mein Gegenüber in seinem Leben gelesen hat.

Da ich weiß, dass viele Menschen kaum Zeit für Recherche haben, es gibt ja auch eine Unmenge an Literatur zu den verschiedensten Themen, habe ich hier meine Empfehlungen kommentiert. Hier nur eine sehr ausgewählte Essenz der vielen guten Bücher auf dem Markt.

Bitte denken Sie daran, dass es sich hier um meine persönliche Wertung handelt. Vielleicht nehmen Sie sich die Zeit und gehen in eine Buchhandlung und stöbern meine Empfehlungen einmal durch und entscheiden selbst.

Meine wichtigste Empfehlung: Bleiben Sie am Ball

Asgodom, Sabine: Reden ist Gold – So wird Ihr nächster Auftritt ein Erfolg

„Manch einer bereitet sich auf einen Vortrag oder eine Rede am Schreibtisch vor. Wie dumm ist es, zu glauben, dass man tanzen lernt, indem man drüber spricht? Eines der zahlreichen Bücher von Sabine Asgodom, für eine bessere und wirkungsvollere Präsenz als Führungskraft.“

Asgodom, Sabine: 12 Schlüssel zur Gelassenheit: So stoppen Sie den Stress

„In welchem Betrieb geht es schon gelassen zu? Sie als Vorgesetzter und Vorbild zeigen den Umgang in problematischen Zeiten. Ihr Verhalten ist wegweisend für Ihre Mitarbeiter. Wie kaum ein anderes Buch beschäftigt es sich damit, in stressigen Situationen den Überblick zu behalten. Sehr hilfreich für Menschen, die stets im roten Drehzahlbereich arbeiten.“

Birkenbihl, Vera F.: Der persönliche Erfolg – Stärken und Talente entdecken und gezielt einsetzen

„Achtung! Bitte ab der völlig überarbeiteten 15. Ausgabe lesen! Wer kennt sie nicht, die Meisterin des gehirn-gerechten Arbeitens – geliebt und gehasst. Für Führungskräfte, die sich mit dem Thema Psychologie des Erfolgs und besserer Kommunikation beschäftigen wollen.“

Birkenbihl, Vera F.: Kommunikationstraining – Zwischenmenschliche Beziehungen erfolgreich gestalten

„In diesem Buch finden Sie die für mich anschaulichste Theorie über die Bedürfnispsychologie von Abraham Maslow. Kompaktes Büchlein über die Themen Selbstwertgefühl, innere Einstellung, Bedürfnisse, Motivation, Feedback und Kommunikation mit kompakter Theorie und vielen Übungen.“

Birkenbihl, Vera F.: (Das neue) Stroh im Kopf – Vom Gehirn-Besitzer zum Gehirn-Benutzer

„Wie alle Bücher von Vera F. Birkenbihl ist dieses Buch ab der 36. Auflage mit den neuesten Techniken über das Gehirn und unser Denken ausgestattet. Leicht beschrieben und doch nicht platt, beeindruckend einfache Übungen und Erklärungen für immer wieder auftretende Denkfehler.“

Dutton, Kevin: Gehirnflüsterer – Die Fähigkeit, andere zu beeinflussen

„Fachwissen, Humor und Überzeugungskraft treffen hier aufeinander. Gutes Buch mit vielen Beispielen und Tests, um die Wirkung von Manipulation zu verdeutlichen. Denken Sie daran: je mehr Sie über dieses Thema wissen, desto besser können Sie sich dagegen schützen, desto mehr können Sie überzeugen, lenken und Widerstände abbauen.“

Knaths, Marion: Spiele mit der Macht – Wie Frauen sich durchsetzen

„Es hätte auch heißen können ‚Frauen an die Macht!‘. Sie, liebe Leserinnen kommen an diesem Buch nicht vorbei, wenn

Sie sich in einer Männerdomäne behaupten wollen. Frauen und Männer sind anders – auch im Business. Also lernen Sie mit diesem Buch nicht nur die Sprache der Männer sondern auch Verhaltensregeln, die Ihnen zum Erfolg verhelfen."

Leonard, George: Der längere Atem – Die fünf Prinzipien für langfristigen Erfolg im Leben

„Keiner ist in der Lage, den Weg der Weiterentwicklung so gut zu erklären wie George Leonard. Haben Sie etwas Neues gelernt, landen Sie unweigerlich auf einem Plateau, auf dem für eine kurze Zeit keine Weiterentwicklung möglich ist. Durchstehen Sie diese Phase, platzt plötzlich der Knoten und Sie machen einen riesigen Weiterentwicklungsschritt. Seine Message: lerne, das Plateau zu lieben! Dann geht's schneller."

Mair, Judith: Schluss mit lustig! – Warum Leistung und Disziplin mehr bringen als emotionale Intelligenz, Teamgeist und Soft Skills

„Dieses Buch ist der Gegenpart zu den anderen Werken. Hier finden Sie viele Hinweise, wenn Ihnen das Team aus dem Ruder zu laufen droht. Statusbeispiele und Handlungsanweisungen sind hier gut beschrieben. Aber Achtung: Kippen Sie nicht wieder auf die andere Seite vom Pferd!"

Riegel, Enja: Schule kann gelingen! – Wie unsere Kinder wirklich fürs Leben lernen

„Lassen Sie sich von der ehemaligen Rektorin inspirieren, deren Schule mit weitem Abstand in Deutschland die besten PISA-Ergebnisse ablieferte. Hier wird deutlich, dass Kreativität und Disziplin miteinander vereinbar sind."

Ruede-Wissmann, Wolf: Satanische Verhandlungskunst – Und wie man sich dagegen wehrt

„Sie wollen sich weiter mit suggestiven Hebeln beschäftigen? Dann wäre dieses Buch eine sinnvolle Investition. Sie verhandeln bereits mit Ihren Mitarbeitern, wenn es um notwendige Überstunden geht. Sie verhandeln mit Betriebsräten oder auch mit einer Sekretärin. Gehen Sie dabei psycho-logisch vor und lernen Sie die Kunst, sich vor fiesen Tricks zu schützen und Gespräche in angenehmere Bahnen zu lenken. Auch Sie werden manipuliert."

Strobel, Tatjana: Ich weiß, wer du bist – Das Geheimnis, Gesichter zu lesen

„Endlich ein Buch, dass sich mit dem Thema Face-Reading aus nicht medizinischer Sicht beschäftigt. Tatjana Strobel beschreibt hier viele Merkmale auf einfache Art. Leicht zu lesen und gut aufgebaut. Ich bin nicht in allen Punkten ihrer Meinung, aber das muss ich auch nicht, um Ihnen dieses Buch zu empfehlen. Lesenswert!"

Schmitt, Tom; Esser, Michael: Statusspiele – Wie ich in jeder Situation die Oberhand behalte

„Mit diesem Buch erhalten Sie noch weitere wichtige Beispiele und Hinweise, wie Sie Ihr Statusspektrum erweitern können. Hier werden die Begriffe Hoch- und Tiefstatus verwendet. Das System bleibt gleich."

Thaler, Richard H.; Sunstein, Cass R.: Nudge – Wie man kluge Entscheidungen anstößt

„Als Führungskraft treffen Sie täglich eine Vielzahl von Entscheidungen. Um sich ein wenig zu entlasten und Verantwortung an Ihre Mitarbeiter abzugeben, müssen Sie sie dabei unterstützen, keine Angst vor Entscheidungen zu haben. Hiermit lernen Sie, weshalb Sie selbst manchmal zögern und wie Sie Ihren Mitarbeitern dabei helfen können, kluge Entscheidungen zu treffen."

Stichwortregister

H

I

K

L

M

N